高等院校设计学通用教材

"十三五"江苏省高等学校重点教材

U0187667

酒店陈设设计

主编 潘霞洁 董勇强

副主编 顾秀玲 章丹芸 董 逸

清华大学出版社

北京

图书在版编目（CIP）数据

酒店陈设设计／潘霞洁，董勇强主编．—北京：清华大学出版社，2023.5
高等院校设计学通用教材
ISBN 978-7-302-62387-8

Ⅰ．①酒…　Ⅱ．①潘…　②董…　Ⅲ．①饭店－室内布置－设计－高等学校－教材
Ⅳ．① TU247.4

中国国家版本馆 CIP 数据核字（2023）第 013191 号

责任编辑：纪海虹
封面设计：董　逸
责任校对：王荣静
责任印制：曹婉颖

出版发行：清华大学出版社
　　　　　网　　　址：http://www.tup.com.cn，http://www.wqbook.com
　　　　　地　　　址：北京清华大学学研大厦 A 座　　　邮　编：100084
　　　　　社 总 机：010-83470000　　　　　　　　邮　购：010-62786544
　　　　　投稿与读者服务：010-62776969，c-service@tup.tsinghua.edu.cn
　　　　　质 量 反 馈：010-62772015，zhiliang@tup.tsinghua.edu.cn
印 装 者：天津鑫丰华印务有限公司
经　　销：全国新华书店
开　　本：185mm×260mm　　　印　张：13.5　　　字　数：374 千字
版　　次：2023 年 5 月第 1 版　　　印　次：2023 年 5 月第 1 次印刷
定　　价：98.00 元

产品编号：094181-01

序言

随着全球化经济的快速发展，国际竞争加剧，新业态对酒店管理人才质量的需求不断提高。本书注重酒店管理技能的提升和深化，使学生不局限于操作技能，更从设计审美角度创造性地思考如何提升酒店管理的档次，顺应酒店业高层次、精细化管理需求，培养学生的艺术素养和实际操作中的创新精神、工匠精神，使学生在实际管理中兼具娴熟技能和设计创新能力，并服务于酒店管理新趋势、新需求。

本书结合酒店管理专业特点，内容不同于室内装修及软装设计，是在酒店装修，特别是软装的基础上进一步深化和细化陈设布置，按照酒店的功能空间和节庆特点进行陈设设计，并根据不同客户的需求营造节庆、会议等的氛围。这填补了目前酒店管理专业的空白。本书融合了酒店管理和室内设计、景观设计、视觉传达、花艺设计等专业的内容，能促进学科交叉融合。本书具有以下特色：

（1）评价的思政性。加入课程思政模块的考核，根据实训项目的特点建立相应的任务评价标准，着重考核学生在掌握专业知识和技能的同时，是否具备了良好的文化素养、职业基本素质和职业核心能力，尤其是中国传统文化素养；是否树立了正确的酒店职业观和价值观。

（2）思维的创新性。通过设计语言、文化内涵表达陈设设计主题，将设计创意与民族文化融合，促进学生自主思考；通过设计实操的训练，激发学生的创作、创新思维，对日常使用的布草、餐具进行艺术化、主题化，并通过花艺、绿植、艺术品创造主题氛围，为消费者提供个性化服务，满足日益提高的体验需求。

（3）学习的趣味性。通过平面设计、三维模型软件的设计和使用，对色彩、材质、肌理等设计元素搭配进行直观的基础训练，针对布草、餐具、装饰品、花艺等进行拼图式设计，降低设计操作的难度，提高实操的趣味性，为各功能空间的陈设设计打好坚实的基础。

（4）实操的可行性。对实操任务和步骤进行细化设计，并配有实操流程图（以实际案例示范），通过明确目标、规定过程内容，提高实操的可行性。此外，对各步骤建立评价标准，并量化对实操成果的评价，以提高教学流程的标准化与成果量化的质量。

（5）训练的全面性。通过酒店主题陈设设计的训练，针对酒店前厅、餐饮、客房、会展、娱乐、庭院等进行全面的主题陈设设计，不但能促进学生对各功能空间的设施设备、服务标准的掌握，还能提升学生考虑问题的全局观念和设计思维的周到缜密程度。

本书是"十三五"江苏省高等学校重点教材。主编潘霞洁具有25年景观、花艺、绿植设计经验，是无锡市土木建筑学会风景园林专业委员会副主任、无锡市风景园林协会副会长、无锡市花卉盆景协会秘书长、江苏省土木建筑学会风景园林专业委员会委员、无锡市度假酒店景观规划名师工作室领衔人；同时具有7年酒店管理专业的教学经验，对餐饮运行与管理、宴会设计、休闲度假酒店景观设计与管理、会展设计、广告设计等课程教学经验丰富，参编过省重点教材，指导学生获得国赛、省赛多个奖项。主编董勇强是展陈设计专家，曾主持过无锡湖博园、农博园、惠山古镇等大型展陈项目的设计和施工，并获多项国家级、省级园艺展景点设计施工奖项及花艺奖项。

本书参编教师均为"双师型"专任教师，长期从事省级品牌专业——酒店管理专业的酒店餐饮服务与管理、酒店客房服务与管理、酒店市场营销、宴会组织与设计等课程的教学工作，并获相关技能鉴定资格，指导学生在全国职业院校技能大赛中荣获多个奖项。顾秀玲副教授具有15年酒店管理专业的教学经验，主编过教材《餐饮服务与管理》；章丹芸老师是江南大学艺术设计硕士研究生毕业，主要研究方向为视觉传达设计、会展艺术与技术，担任展示设计、广告设计、构成基础等课程教学。

本书共五章，潘霞洁负责拟定编写提纲并统稿，顾秀玲编写第一章，章丹芸编写第二章，董勇强编写第三章，潘霞洁编写第四、第五章，董逸负责图片整理与平面设计。

本书图片拍摄得到了无锡艾迪花园酒店、无锡日航酒店、无锡湖滨饭店、无锡大饭店等单位的鼎力支持。感谢中国花卉协会杜鹃花分会、无锡鑫园公园管理处、无锡市玖柒装饰设计有限公司大力支持本书的编写工作。

本书取材广泛、内容丰富、难易适中，适应"教、学、做"一体化教学环境。可作为高校旅游类专业的服务技能教材，酒店管理专业、会展策划与管理专业、旅游管理专业、休闲服务与管理专业的教材，也可作为各专业拓展类选修课和"高层互选类"课程教材、学生创业技能培训教材，以及酒店、会展从业人员的培训教材。

书中如有疏漏之处，恳请读者批评指正！

编者

2022年8月

目 录

第一章　酒店陈设设计的基本概念和风格

引言

陈设设计是融关系学、色彩学、人文学、心理学等学科为一体的艺术。经过设计的空间可起到规范人的行为、调节人的心情等作用，从而提升人的品位与格调，乃至思想品质。

陈设设计是室内设计的一个子系统，是室内设计的一个有机组成部分。其作为一个子系统，对室内设计起到延续与提升的作用。一滴清水微乎其微，但它能折射出太阳的光芒，所以要将陈设设计作为整体的一部分，在设计时总览全局，并局部深入，以点带面，在方寸之间进行周密构思，从而为空间创造出具有审美意义的个性化的视觉语言，并提升整体空间的品位与格调。

现代室内设计主要包含室内空间设计、室内陈设设计、色彩及材料设计、室内照明设计等。陈设设计是现代室内设计的一项重要内容，其作为室内环境不可分割的部分，不仅直接影响着人们的工作和生活，还与组织室内空间、创造理想的室内环境有着密切的关系。陈设设计要求设计师在设计过程中，根据环境特点、功能、需求，以及审美要求、使用对象要求、工艺特点等构成要素，精心设计出舒适、和谐，并具有高级艺术境界、高品位、高情趣的理想环境。

酒店陈设设计能对酒店室内设计起到锦上添花的作用，创造出实用、适用、美观的空间环境，激发顾客美好的感情，对酒店的形象有着重要意义。

背景知识

酒店陈设设计的考虑要素

酒店陈设设计要考虑使用者的需求爱好。由于酒店顾客的职业、身份、爱好、文化修养等各不相同，其对酒店室内陈设品的布置也有不同的要求。

例如：酒店儿童房常用各种玩具和色彩鲜艳的装饰品布置，以符合儿童的心理特征；老年顾客喜欢选择古典风格、色调沉稳的饰物；知识分子偏爱以书籍、字画做陈设品；商务型顾客则喜欢帆船、富贵竹等含有一帆风顺、富贵等寓意的饰物。

酒店陈设设计要考虑民族性、地方性、区域性。酒店陈设设计的过程中，不同的民族、地域反映出的室内陈设布置的特点也不相同。这是由于各民族的生活方式、传统习俗及兴趣不同引起的。例如：中式酒店室内陈设布置，一般采用中国传统的对称布置手法；日式酒店室内陈设布置，则习惯采用非对称的手法。

酒店室内空间环境特性是影响酒店室内陈设布置的重要因素之一。酒店室内空间的用途、功能、气氛各不相同，酒店室内陈设布置也不相同。只有室内陈设布置符合空间环境特性，才能起到美化环境、烘托气氛、强化功能的作用。例如：国宾馆的会议室是举行重要会议、商讨大事的地方，使用大型壁画、大型玻璃吊灯能更好地烘托庄重严肃的气氛。

进行酒店室内陈设布置时，应考虑陈设品的保护问题。例如：油画、国画等饰物应布置在防潮、避光的地方；玻璃器皿、陶瓷制品布置的地方要防跌、防震；观赏鱼、鸟等有生命的陈设物要防止被客人所携带的宠物猫或宠物狗袭击。

本章学习目标

1. 掌握酒店陈设设计的基本概念；
2. 掌握酒店陈设设计的特点和作用；
3. 熟悉酒店陈设设计的风格及代表性陈设品；
4. 掌握酒店陈设设计的实施流程。

本章学习指南

一、学习方法

在学习本章前，首先要多阅读、多了解酒店陈设的相关知识；其次要多到酒店实践，实地调查了解各种酒店的陈设风格和特色；最后要多关注市场上的各类陈设品、新材料、新技术的发展状况，做到与时俱进、不断创新。

二、注意事项

在激烈的商业竞争下，决定酒店陈设设计优劣的关键是设计师个人的综合素养。因此学生在学习中，需要不断积累，提高自己作为酒店陈设设计师的素养。酒店陈设设计师应该具备如下基本素养。

1. 全面的综合素质。设计师要具备专业知识和技能，如色彩、透视、比例、空间、构图等基础知识；具备手绘和用电脑绘画的能力；掌握

AutoCAD、3DMAX、PS 等软件。除此以外，审美能力、广博的知识和丰富的阅历，都是一名酒店陈设设计师应具备的基本素质。

2. 敏锐的时尚洞察力。对时尚敏锐的观察能力和预见性是设计师的一种基本能力，从某种程度讲，设计师担负着引领时尚的责任。

3. 好奇心和感受细节的能力。好奇心能够激发设计师的创作欲望；感性可以促使设计师关心周围的世界、文化环境和美学形态。设计师所面临的是环境中各个不同的细节，对细节的处理，关系到整个设计的成败。因此，设计师观察和感受细节的能力是设计创造的基础。

4. 专业的表现能力及共情能力。酒店陈设设计师要能站在顾客的立场，理解顾客的情感和需求；同时能够专业、清晰、准确地表达自己的设计意图和思想，让客户能够很容易理解，进而达到有效沟通。

5. 准确把握材料信息和应用材料的能力。市场的发展和科技的进步使新产品、新材料不断涌现，及时把握材料的特性，探索其实际用途，可以拓宽设计的思路，进而在市场中抢占先机。

第一节　酒店陈设设计的基本概念和特点

【学习目标】

1. 掌握酒店陈设设计的基本概念；

2. 熟悉酒店陈设设计的分类；

3. 掌握酒店陈设设计的特点；

4. 了解酒店陈设设计的作用。

陈设是一门艺术，是人类科学技术和文化艺术高度发展的产物，不仅能反映一个国家的经济发展水平和一个民族的历史文化传统，更能反映人的精神气质与素养。它既是一门为人类创造良好室内环境的特殊艺术，又是一门融汇多学科知识的科学技术，涉及伦理学、美学、光学、色彩学、艺术学、心理学、哲学等知识。它的艺术价值体现需要科学技术的配合，以综合材料、制作工艺等条件为媒介，通过设计者精心的艺术加工，为室内环境营造统一和谐的气氛，使人得到美的享受。陈设艺术作为一门新兴的设计艺术，在现代酒店中得到了广泛的应用。

一、酒店陈设设计的基本概念

"陈设"一词最早见于《后汉书·阳球传》："权门闻之，莫不屏气，诸奢饰之物，皆各缄滕，不敢陈设。""陈设"最初仅仅具有排列、布置、安排、摆放、展示之意。随着人类文明的进步，陈设艺术逐步学识化，其艺术美感也更多地受到人们的重视，所以陈设设计自然成为了继室内设计从建筑领域划分出来之后，又从室内设计中派生出来的具体、独立学科。

酒店陈设设计是一种状态、一种语言、一种活的艺术，是设计人员对酒店可以移动的配饰进行精心设计与选择的艺术。即设计者以满足酒店顾客的需求为出发点，根据酒店环境特点、空间功能需求、审美要求等，对酒店室内空间中的家具、灯具、装饰品、织物、植物、花卉等元素进行组织与规划，从而营造出具有高舒适度、高艺术境界、高品位、特色与文化内涵的酒店环境。

二、酒店陈设的分类

酒店陈设分为功能性陈设与装饰性陈设两种。

功能性陈设主要是指家具、灯具、织物等具有实用价值与观赏价值的陈设。家具是室内陈设艺术的主要组成部分，其艺术性和观赏性也越来越受到人们的重视；灯具作为室内陈设中的照明物品是调节气氛的重要手段之一；在现代室内设计中织物已成为衡量室内环境装饰水平的重要标志之一。

装饰性陈设是指工艺品、字画等以装饰观赏为主的陈设，其追求思维内涵和文化素养的表达，追求室内环境形象的塑造和对环境的创新表达。

三、酒店陈设设计的特点

酒店陈设设计是一门综合性学科，它所涉及的范围非常广泛，包括美学、光学、色彩学、哲学和心理学等知识。在具体设计时还需根据室内空间的大小、形状、使用性质、功能和美学需求进行整体策划和布置，因此具有鲜明的特点。

（一）强调"以人为本"的设计宗旨

经济迅猛发展，科技飞速进步，人们开始追求休闲、宽敞与舒适，开始关心自身生理、心理及感情的需要，"以人为本"的口号响遍整个设计界，酒店陈设设计领域也不例外。酒店陈设设计主要是为使用者——酒店客人而设计的，酒店典型陈设品有插花、古玩、乐器、字画、书籍、雕塑、织物（如壁挂、窗帘、台布、床罩）、日用器皿、家用电器等，这些陈设品之间，首先要有交互性，包括使用功能的互补、色彩的对比、形状的交融等；其次，陈设品是有"生命"的，使用者需要与室内陈设品之间形成互动，去使用它、感受它，明确它所存在的意义。所以酒店陈设设计必须要以客人的需求为设计依据，科学地了解人的生理、心理特点和视觉感受，协调人与用品之间的关系，使陈设设计充分满足酒店客人对安全、实用性、个性化、舒适的需求，满足酒店客人多元化的物质和精神需求。

（二）遵循审美原则，追求文化体验与个性化

在酒店室内陈设设计中，要遵循审美原则，营造一定的气氛和意境，给客人以美的享受和文化体验。例如：在中式古典风格的酒店中能感受中华文明的传承，在欧式奢华酒店中能体验欧式皇家文化的特色。酒店室内陈设艺术中最感染人的就是个性化特征和文化内涵，格调高雅、造型优美、文化内涵丰富的个性化酒店，既能表达一定的历史地域和民族特征，提升酒店的艺术品质，又能表现出酒店空间蕴含的美学气质和独特的人文环境，使客人在欣赏和体验酒店陈设品过程中完成品味文化之旅。

（三）追求与时俱进和多元化

酒店陈设设计的显著特点就是它对由于时间的推移而引起的室内功能的改变特别敏感。当今社会发展日新月异，酒店客人的审美也随着时间的推移而不断改变。酒店陈设设计要结合不同时期的艺术审美诉求，运用多元化的设计理念，融合国内外不同风格的艺术特点，运用技术手段，结合艺术美学，创造出具有表现力和感染力的酒店空间形象。总之，酒店陈设设计师必须时刻站在时代的前沿，创造出具有时代特色和文化内涵的酒店空间。

（四）追求绿色环保和生态化

绿色环保已经成为新的生活理念和生活态度，在全球范围内已经形成新的潮流。酒店陈设艺术中要体现绿色环保的理念，需要在造型和界面处理上尽量简洁化，减少不必要的装饰带来的能源消耗和环境污染问题；强调天然材质的应用，通过对素材肌理和真实质感的表现创造出自然质朴的室内陈设用品；可将自然景观引入室内，通过绿色植物的引入净化空气、消除噪声、改善室内环境与小气候，通过自然景观的塑造给酒店空间带来大自然的勃勃生机，使客人的情绪得到放松；在设计中需充分考虑材料的可回收性和可再利用性，实现可持续发展的酒店陈设设计。

四、酒店陈设设计的作用

（一）塑造酒店风格

常见的酒店风格有中式风格、地中海风格、欧式风格、日式风格等，另外藏式风格、老上海风格等地域风格亦逐渐流行。不同风格的酒店，需要相应的陈设品来营造其风格特点。每一种陈设品，它本身固有的造型、图案、质感、色彩所承载的历史背景元素均具有一定的风格倾向，对酒店风格都能起到强化作用。合理地选择陈设品对扩展酒店的艺术价值起着重要作用，对酒店风格的塑造起着非常关键的作用，同时有利于最大化实现酒店的商业价值。

（二）丰富酒店空间层次

现代酒店空间除了水平方向外，还有纵向空间的流通。重要的酒店陈设品会作用于环境的分割与层次，成为整个空间之中的焦点，而相对次要的陈设品布置，则有助于突出主体。例如利用家具、地毯、绿植、水体、屏风、漏窗等陈设品将一次空间划分为二次空间，使酒店空间的使用功能更加合理，使酒店整体环境显得更加丰富且具有层次感。

（三）凸显酒店文化内涵

酒店陈设设计是科学、艺术和生活相结合的完美的整体，可以凸显酒店的内涵和文化精神，能对酒店空间形象的塑造、气氛的表达起到重要的烘托与画龙点睛的作用。

从酒店的陈设中可以辨别其档次、星级与价格，可以感受到酒店的企业文化和企业形象；从餐厅陈设中可以品味其主题与独特的人文特点；从不同主题活动的陈设塑造中，可以感受具有特色的节日或活动的氛围。

总之，酒店陈设艺术作为室内环境设计的重要组成部分，对于酒店塑造风格、丰富空间层次、凸显酒店文化内涵等都具有重要作用。

【思考练习】

1. 什么是酒店陈设设计？
2. 酒店陈设设计分为哪两大类？
3. 酒店陈设设计的特点有哪些？
4. 酒店陈设设计的作用有哪些？

第二节　酒店陈设设计的风格

【学习目标】

1. 掌握典型酒店陈设风格的主要特点；
2. 熟悉典型酒店陈设风格的代表性陈设品。

随着历史、文明和艺术的不断发展，国内外形成了很多典型的陈设设计风格，也给酒店陈设设计注入了新的灵感。在客源国际化和需求多元化、个性化的背景下，酒店陈设设计的发展面临新的机遇与挑战，因此对典型酒店陈设设计的风格进行研习和解读，对开展陈设设计实践活动有着重要意义。

一、中式古典风格

中式古典风格以明清时期装饰陈设风格为代表，其格调高雅，造型简朴优美，经常巧妙地运用隐喻和借景等手法，创造一种安宁、和谐、含蓄而清雅的意境，追求修身养性、天人合一的生活境界。

1. 中国传统室内装饰艺术的特点是总体布局对称均衡，非常讲究空间的层次感。

2. 在装饰细节上崇尚自然情趣，花鸟、鱼虫等精雕细琢，富于变化，充分体现出中国传统美学精神。

3. 中式古典风格酒店室内陈设一般包括中式红木家具、宫灯、玉雕、根雕、奇石、字画（山水花鸟）、匾幅、挂屏、盆景、瓷器、古玩、屏风、博古架、书籍、文房四宝等，深具文化韵味和独特风格，体现中国传统文化的独特魅力。（图 1.2.1）

图 1.2.1　中式古典风格酒店陈设图

二、欧式古典风格

欧式古典风格，以华丽的装饰、浓烈的色彩、精美的造型等营造出精美、奢华、富丽堂皇的室内效果。

1. 在色彩上，经常以白色系或黄色系为基础，搭配墨绿色、深棕色、金色等，表现出古典欧式风格的华贵气质。

2. 墙面有大量雕刻和天顶画作为装饰，门窗上半部多做成圆弧形并用带有花纹的石膏线勾边。

3. 在家具选配上，一般采用宽大精美的家具，配以精致的雕刻，表现出高贵典雅的贵族气质。

4. 在配饰上，一般选用具有古典美感的多重皱的罗马窗帘、精美的地

毯、装饰壁画、华丽的水晶吊灯、柔和的浅色花艺、壁炉、具有连续花饰图案的高档壁纸、精美手工布艺和人物雕塑等。（图1.2.2）

图1.2.2　欧式古典风格酒店陈设图（左）

图1.2.3　现代简约风格酒店陈设图（右）

三、现代简约风格

现代简约风格是以简约为主的装修风格。欧洲现代主义建筑大师密斯·凡·德罗的名言"Less is more"被认为是简约主义的核心思想。现代简约风格的特色是一切从功能出发，将设计的元素、色彩、照明、原材料等简化到最少的程度，大量使用简单的线条、基本的几何形体、纯粹的颜色，求得光洁、通透、高雅、时尚的高品位设计。

1. 现代简约风格的酒店，空间开敞、内外通透，在色彩上以黑白灰为主色调，营造出时尚前卫的感觉。

2. 室内墙面、地面、顶棚、家具陈设、灯具器皿等均以简洁的造型、精细的工艺为其特征。

3. 在家具和陈设上，一般使用玻璃、浅色石材、不锈钢、金属等光洁明亮的材料，采用白亮光系列家具，运用几何要素（如点、线、面、体、块等）对家具与陈设进行组合，强调功能性设计和人体工程学，线条简约流畅，从而让人感受到简洁明快的时尚感和抽象的美感，舒适与美观并存。

4. 精心选择陈设品，如柔软的地毯、素色的百叶窗、半透明的纱质窗帘、亚麻织物等，少量的陈设品起到画龙点睛的作用。（图1.2.3）

四、东南亚风格

东南亚风格是一种结合了东南亚民族岛屿特色及精致文化品位的设

图 1.2.4　东南亚风格酒店陈设图

计风格，以其来自热带雨林的自然之美和浓郁的民族特色而风靡全世界，给人接近自然、放松身心的效果。

1. 家具崇尚自然、原汁原味，以水草、海藻、木皮、麻绳、椰子壳等粗糙、原始的纯天然材质为主。

2. 在色泽上保持自然材质的原色调，大多为褐色等深色系，在视觉上给人以泥土与质朴的气息。

3. 在工艺上以纯手工编织或打磨为主，符合时下人们追求健康环保、人性化以及个性化的价值理念。

4. 常见的酒店陈设品有：造型古朴的树根、枯树干、竹帘、棕榈叶、芭蕉叶，竹节袒露的竹框、相架，形态各异的果皮家具、木皮家具、水草家具、藤艺家具及珍贵典雅的红木家具、柚木家具，手工敲制的铜吊灯，具有绚丽色彩的泰式抱枕，妩媚的纱幔，随风飘舞的泰纱，漂浮在水面闲逸的莲花等。

这些最具民族特色的点缀，让空间散发出浓浓的异域气息，同时也可以让空间禅味十足，充满静谧。（图 1.2.4）

五、地中海风格

地中海风格因富有浓郁的地中海人文风情和地域特征而得名。关于地中海风格的灵魂，比较一致的看法是"蔚蓝色的浪漫情怀，海天一色、艳阳高照的纯美自然"，其精髓是自由、自然、浪漫、休闲。地中海风格是最富有人文精神和艺术气质的风格之一。

地中海风格的酒店陈设有很鲜明的特征。

1. 在建筑特色上，经常使用连续的拱门与半拱门、马蹄状的门窗来体现空间的通透。

2. 在色彩上，蓝与白是比较典型的地中海颜色搭配，无论是整体的家居基调还是点缀其间的零星装饰，只要多点蓝色就能很好地渲染出地中海的气息，蓝色与白色的搭配整体明亮清新。

3. 在家具材质上，一般选用自然的原木、天然的石材等，通过擦漆做旧的处理方式，表现出自然的生活氛围。

4. 在室内陈设上，色彩明快的窗帘、桌布、沙发套等，搭配马赛克墙砖、独特的锻打铁艺吊灯，将小石子、鹅卵石、贝壳、玻璃片等素材切割后再进行创意组合与拼接而形成的饰品，都是地中海风格独特的美学产物。

六、日式风格

日式风格酒店直接受日本和式建筑影响，重自然质感，以淡雅节制、深邃禅意为境界，重视实际功能。

1. 在空间上造型极为简洁，讲究空间的流动与分隔，流动则为一室，分隔则分几个功能空间。在空间中能让人静静地思考，禅意无穷。

2. 在家具方面，榻榻米、日式格栅推拉门、原木家具是日式风格必备的三要素。自然界的天然材质是日式风格中最具特点的部分，日式家具强调自然色彩的沉静和造型线条的简洁，一般采用原木色，家具低矮且不多，给人以宽敞明亮的感觉。

3. 古色古香的卷轴字画、日式伞、质朴的日式茶桌、"枯山水"风格的日式花艺、日式风格山水元素、樱花树等都是典型的陈设品，共同营造闲适写意、悠然自得的生活境界。（图 1.2.5）

图 1.2.5　日式风格酒店陈设图

【思考练习】

1. 中式古典风格酒店的陈设特点是什么？主要代表性陈设品有哪些？
2. 欧式古典风格酒店的陈设特点是什么？主要代表性陈设品有哪些？
3. 现代简约风格酒店的陈设特点是什么？主要代表性陈设品有哪些？
4. 东南亚风格酒店的陈设特点是什么？主要代表性陈设品有哪些？
5. 地中海风格酒店的陈设特点是什么？主要代表性陈设品有哪些？
6. 日式风格酒店的陈设特点是什么？主要代表性陈设品有哪些？

第三节　酒店陈设设计的实施流程

【学习目标】

1. 掌握酒店陈设设计的实施流程；
2. 掌握酒店陈设品设计与选取的原则。

酒店陈设设计本质上是对陈设物品进行的有序设计和组合，其实施流程如下。

一、首次空间测量

工作要点：测量时间是在酒店硬装修完成后，在构思酒店陈设品时要对空间尺寸准确把握，按比例进行设计。

工作流程：

1.了解酒店硬装基础，测量现场尺寸，绘制出酒店室内空间平面图和立面图。

2.现场拍照，记录酒店室内空间的形态。

二、客户需求探讨

工作流程：就以下方面与客户沟通，挖掘客户深层次的需求。

1.酒店业主方的文化喜好、风格喜好和宗教禁忌。

2.酒店主要目标客户群体的喜好。

3.酒店空间流线和酒店工作动线。

三、色彩元素和风格元素探讨

工作流程：详细观察和了解酒店硬装现场的色彩关系及色调，对酒店设计方案的色彩要有总的控制，把握三个大的色彩关系，即背景色、主体色和点缀色，室内色彩关系务必做到既统一又有变化，并且符合客人需求；与客户探讨酒店陈设的风格，明确风格定位。

四、初步设计方案的制作

工作流程：设计师综合以上环节并结合酒店室内平面图，制作酒店陈设设计方案初步布局图，并初步选配家具、布艺、灯饰、饰品、画品、花品、日用品等，注意产品的比重关系（家具60%、布艺20%、其他均分20%）。可以在客户对色彩、风格、产品、款型认可的前提下作两份报价，一个中档，一个高档，以便客户选择。

酒店陈设品的设计与选取，应注意以下原则：

1.主题明确，应与酒店装修设计风格相匹配，与酒店整体构思立意相呼应，尤其是字画和工艺品类陈设物。

2.陈设品的类型，应注意与墙面、台面及各类室内构件进行组合和搭配，刚中有柔、虚中有实，与室内环境相互烘托。

3.注重陈设品的造型和色彩，使其与室内色彩协调，成为酒店设计的点缀。

4.注重陈设品的大小。陈设品的大小应以空间尺度与家具尺度为依据而确定，不宜过大，也不宜太小，最终达到视觉上的均衡。

5. 注重多种陈设品的构图和相互之间的关系，尽力做到主次分明、轻重有序，加强空间的层次感。

五、二次空间测量及酒店陈设品元素信息采集

工作流程：设计师带着酒店陈设设计方案的初步布局图到现场反复考量搭配情况，并对细部进行纠正，反复感受现场的合理性；然后，进行陈设品品牌选择和市场考察，选择与设计风格相对应的产品，要求供货商制作产品列表和报价表。

六、设计方案讲解与修改

工作流程：将设计方案制作成 PPT 文件，并详细、系统地介绍给客户；在与客户进行完方案讲解后，针对客户反馈的意见进行方案修改，包括色彩调整、风格调整、配饰元素调整和价格调整。

七、购买陈设品

工作流程：在签订采购合同后，按照设计方案的排序进行酒店陈设品的采购与定制。

八、进场安装摆放

工作流程：作为酒店陈设设计师，陈设品的布置和摆放能力非常重要。一般按照家具—布艺—画品—饰品的顺序进行调整和摆放。每次陈设品到场，设计师都要亲自参与摆放，以达到最佳的效果。

【思考练习】

酒店陈设设计的实施流程是什么？

第二章　酒店陈设设计的基础知识

引言

陈设设计是在空间基础硬装完成后，通过家具和软装对空间进行的二次设计，体现出设计者的审美品位和意趣，使空间体现出独特的氛围。随着经济发展和社会进步，人们对于酒店陈设的要求也逐渐提高，不仅需要满足基本使用功能，更希望体现文化内涵和艺术品位。酒店陈设设计所包含的知识面广泛，是美学、光学、色彩学、心理学等学科的综合运用，在具体设计过程中还需要考虑空间大小、形态、使用性质和功能等方面，来进行整体的规划和布置。

色彩是设计表达情感、氛围渲染不可缺少的角色；材质和肌理为设计传达更加完整准确、生动细腻的信息；掌握形式美法则能够使设计师更自觉地表现美的内容，达到形式与内容高度统一。本章包含色彩的搭配、材质与肌理的选择、形式美法则三节内容，对酒店陈设设计基础知识进行阐述，梳理酒店陈设设计的基本方法与技巧，启发学生的设计思维。

背景知识

色彩设计

人们的审美观念随着时代的发展而不断提高，色彩设计也在随着时代而不断创新，在设计过程中要符合时代的审美需求，与环境、地域、文化等形成一体；同时强调以实用为前提，以大众接受为最终目的，色彩效果要明确、清晰、单纯。设计者需要有丰富的想象力和对色彩的控制能力，同时具备较高的个人审美艺术修养。

色彩的配色原理： 设计色彩时，在颜色选择上可以丰富多彩，也可以只选几个颜色，甚至用一种颜色来表现。设计的色彩作品能否打动人，不在于色彩是否强烈，而是在于色彩的丰富变化程度。即使应用一种颜色，通过黑、白、灰变化其明度或纯度，做出等级色组成的画面，也能使画面效果产生秩序感和节奏感。

色彩的配色方法：要求色彩的形式和内容冷暖对比、协调统一，通过形与色的结合来实现用色彩表达感情的目的。不同的主题具有不同的韵律，不同的色调可以给人不同的美感。色彩的调和方法主要包括同类色调和、类似色调和、邻近色调和、对比色调和、互补色调和等。

不断训练：由于色彩是设计表达的主要手段之一，因此对于设计表现技法的研究、训练也就显得尤为重要。色彩的内在表现力来源于对自然色彩的成因及其变化规律的认识和把握，它是关于光和色有关理论、视觉心理理论等的综合运用。色彩功能的理性分析和运用、环境色彩解析与重组训练等方面需要进行更深层次的理解与实践。

酒店区域的人性化布置

一、面积限定

面积限定取决于酒店的规模、级别以及客流量。由于酒店空间是客人较长时间停留的场所，一些酒店会将酒店空间陈设作为酒店形象的代表，同时追求大面积和豪华装修来提升酒店的档次感。但如果盲目追求酒店空间的宽敞明亮，忽视了其他环境、人文、特色等因素，会起到适得其反的效果。因此，酒店各个空间面积大小、色彩设计要符合适宜、精巧等基本设计要求。

二、流线布局

酒店内部功能设计及流线设计是设计重点，酒店特有的复杂功能凸显了酒店的复杂特性，如何将所有功能串联起来，组织好每一组流线，形成一个最佳酒店构架，对于设计师而言是一件有趣且充满难度的工作。为了给客人提供舒适、高效的服务，酒店交通流线必须清晰、明确，尽量做到布局紧凑、互不干扰。酒店交通流线对于酒店整体功能发挥十分重要，在酒店规划设计阶段就必须综合考虑酒店各方面功能要求。例如，休息区是人员相对密集的地方，休息区的设置不仅能丰富酒店大堂的功能，也赋予酒店大堂亲切温馨的感觉；要注意休息区的流线与布局，考虑整体舒适度与局部细节舒适度，在环境中加入自然景观，在色彩上进行有效的调和，营造轻松的氛围。

三、照明

酒店空间中的各个区域设置的目的不同，在各个区域的色彩设计过程中可以考虑使用灯光进行氛围渲染。例如：酒店走廊的灯光要具有层次感，以具有柔和光线的筒灯作为基础照明设备；暗槽灯作为情境照明设备，可以使用各色氛围灯，突出酒店的品位，让客人体会到酒店的人性化设计。酒店的照明设计应遵循以下原则：

1. 打造酒店设计的独特性和趣味性。力求以少量的资金投入创造出富有欣赏性的作品，将酒店灯光设计与人们的心理感受相结合，以更好地满足精神生活上的需求。

2. 强调酒店设计的整体性。合理规划各个功能空间，协调背景与主体的关系，不仅发挥照明的作用，更需要添加艺术元素，提升酒店设计的整体性。

3. 灯具的装饰性与功能性并重。具有艺术性的灯光可以为整体设计增添趣味，照明方式直接影响酒店的整体布局。

4. 美学观赏价值与实用价值紧密结合。不同的空间运用不同的照明方式，以合理经济美观取胜，达到功能与美观相统一。

本章学习目标

1. 了解酒店陈设设计基础知识；
2. 掌握酒店陈设设计形式美法则。

本章学习指南

一、学习方法

首先，要明确设计是一个理性思考的过程。其次，要结合设计目标进行效果尝试；了解视觉心理对环境的需求和影响；掌握色彩搭配方法和形式美法则，面对优秀的色彩设计作品，分析它好在哪里。

二、注意事项

1. 了解文化礼仪。在酒店陈设设计过程中，要了解不同场景、不同文化的礼仪、规范和禁忌。在酒店陈设设计中文化氛围的营造尤为重要。

2. 不可复制。设计无法套用完全固定的模式，运用色彩、材料肌理都是没有公式的，同时贯穿在陈设设计的各个环节；色彩、材料肌理都是环境与氛围构成的底层，也是产生创意和制造惊喜的原因。

3. 提高控制力与创造力。生活中处处有练习形式搭配的途径，小到每天的服装色彩与材质搭配，大到居住环境中物品的形式组合，等等，要把握每一次的练习机会，提高设计的敏感性。

第一节　色彩的搭配

【学习目标】

1. 了解色彩构成基本要素；
2. 掌握色彩在酒店陈设设计中的运用法则。

现代社会中，设计无处不在，设计已经成为人们关注的焦点，优秀的设计能够引发人们的共鸣。设计不是简单地组装、排序或是编辑，设计的过程是赋予价值和意义的过程，是阐述、简化、理清、修饰、锦上添花、引人注目的过程。设计就是把散文变成诗歌，增强洞察力、加深体验，并拓展视野。人们更容易记得一个设计精美的形象，它折射出一个考虑周全、目标明确的企业，反映了其产品或者服务的品质，展现了良好的公共关系，预示着好的商誉。

色彩是美学的关键组成部分，是氛围渲染的重要手段；色彩的运用看似感性，实则有非常多的学问。设计者运用色彩是要让色彩凸显设计意图，把颜色和设计思想相结合，充分挖掘色彩的丰富性，使作品承载的设计思想和情绪信息更丰富，从而最大程度地实现设计者的设计理念。酒店陈设中良好的色彩搭配能够在视觉上、心理上带给人美的感受。

一、酒店陈设设计中的色彩三要素

色彩在我们的生活中无处不在。有数据表明，人眼优于任何像素的相机，是非常强大的色彩识别系统，肉眼所能够识别的颜色有 10 万多种。从色彩的性质来看，有形色系中的任何一个颜色都具有色相、明度、纯度（饱和度）三个属性，它们中的一项或多项发生变化时，色彩的性质随之变化，因此，我们把这三个属性称为色彩的三个要素。

（一）色相

色相是色彩被识别和感知过程中所呈现的样貌特征，是色彩相互区别最关键的标志。例如我们说到红色的旗帜、蓝色的大海、绿色的草地，都是在说色彩的色相这一属性。

颜色的形成是由光的波长大小反射到人眼，作用于人的视觉神经从而产生的视觉感受。彩虹便是光的折射作用形成的基本色彩，其中波长最长的是红色，最短的是紫色。在最初的光色——红、橙、黄、绿、蓝、紫各色中间插入其中间色，形成红、橙红、橙、橙黄、黄、黄绿、绿、蓝绿、蓝、蓝紫、紫、紫红，便是色彩的 12 基本色相。（图 2.1.1）

（二）明度

明度是由光源作用在物体表面的强度决定的，是指不同光量产生不同的色彩明暗强弱。色彩的明度越高，颜色越亮；色彩的明度越低，颜色越暗。

色彩的明度有两种情况：一是同一色相颜色的不同明度，指同一个色相在不同光照强度下形成的色彩明暗变化。如一面旗帜在强光下是亮红色，在夜晚便成暗红色。二是

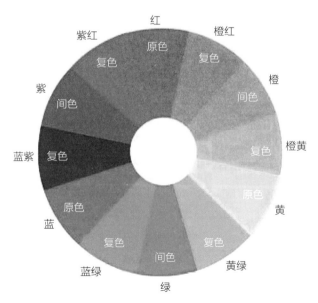

图 2.1.1　12 色色环

不同色相的明度也不同。黄色是明度最高的颜色，紫色明度最低。

（三）纯度（饱和度）

色彩的鲜艳程度称为色彩的纯度，也称为色彩的饱和度或彩度。色彩的纯度越高，颜色越鲜艳；色彩的纯度越低，颜色越浑浊。三原色红、黄、蓝的纯度最高，其间色纯度次之；两种或两种以上的颜色相互混合，混合的次数越多，产生的颜色纯度越低。

色彩的明度不同，色彩的纯度也会发生相应的变化。色彩的明度可以理解为：某一纯色中加白色，则明度变高，纯度变低；某一纯色中加黑色，则明度变低，纯度变低。

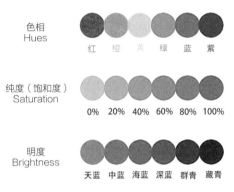

图 2.1.2　色彩的三要素

色彩的三要素（图 2.1.2）反映出缤纷多彩的世界，通过对色彩的理性认识，人们在逐步掌握色彩规律的过程中，逐渐重视不同色彩的属性特征；对色彩的合理调配使实用性与艺术性得以融合，人们在设计中运用色彩增添审美情趣。一般而言，色彩在生理上的通感表现形式如下。

1. 色相方面：长波长的色相（红橙黄等暖色）给人前进、膨胀、华丽的感觉，是最令人兴奋的积极色彩；短波长的色相（青蓝紫等冷色）给人朴素、沉静而消极的感觉。

2. 明度方面：明度高而亮的色彩给人前进、膨胀、华丽的感觉；明度低而暗的色彩给人后退、收缩、朴素的感觉。一般明度高的色彩比明度低的色彩刺激性大，无彩色的中低明度一带的颜色最为消极。

3. 纯度方面：高纯度的鲜艳色彩给人前进、膨胀、华丽的感觉；低纯度的灰浊色彩给人后退、收缩、朴素的感觉。高纯度的色彩比低纯度的色彩刺激性强，让人感觉积极；其顺序为高纯度、中纯度、低纯度，最后接近或变为无彩色而为明度所左右。

二、酒店陈设设计中的色彩语言

色彩创造经典设计。例如：五星红旗是红色块面与黄色星星的组合，能够激起每个中国人的家国情怀；在医学上，红色代表心脏、血液，是整个生命循环的基础；在餐饮学中，红色让食物更加诱人可口，是甜蜜的象征。根据色彩学，具有高明亮度、饱和的色彩代表着欢乐、积极。心理学家将红色列为明朗的颜色，代表快乐、梦想、热情。

（一）各色相的设计语言

在酒店陈设设计中，各个色相的颜色有其相应的具象特征和情感信息。

1.红色。红色的具象代表有火、血。红色引发的积极情感包括激情、活力、喜庆（中国）、生命、力量；消极情感包括危险、斗争、愤怒。红色对于中国人来说会产生节庆的联想；红色能够促进血液循环，使人兴奋；红色属于暖色，在暖色氛围中人们容易产生消费的欲望。（图2.1.3）

2.黄色。黄色的具象代表有阳光、谷物。黄色引发的积极情感包括智慧、开朗、轻松、乐观；消极情感包括不结实、软弱、廉价。黄色是明度最高的颜色，最为醒目；在中国古代文化中，金黄色象征着无上的权威。黄色的物品能够快速引起人们的关注，黄色的氛围让人感到轻松，但不易长时间待在充满亮黄色的环境中，容易产生焦虑。与儿童相关的环境或物品常常会使用到黄色。（图2.1.4）

3.蓝色。蓝色的具象代表有天空、海洋。蓝色引发的积极情感包括冷静、理性、严谨、公正；消极情感包括孤独、严格、无趣。我们生活在地球这个蓝色星球上，每天都能看到很多蓝色，蓝色是自然与生命的象征。蓝色在中国是典型的商务色，使用蓝色能够很好地营造高科技与严谨的逻辑环境，在蓝色的环境中能够让人安静地思考并产生较高的工作效率。（图2.1.5）

4.绿色。绿色的具象代表有植物、大自然。绿色引发的积极情感包括生命力、新鲜、春天、和平、年轻；消极情感包括不贵重、嫉妒、缺乏经验。绿色让人轻松，可以放松双眼，也是疗愈心理常用的颜色。绿色可以促进消化、放松压力，在绿色环境中，人们容易感到回归自然的舒适感，但单纯使用绿色不容易营造高端与贵重的氛围。（图2.1.6）

5.紫色。紫色的具象代表有成熟的果实、帝王特权。紫色引发的积极情感包括优雅、神秘、想象力、财富、成熟；消极情感包括夸张、不亲

图2.1.3　红色的酒店空间

图2.1.4　黄色的酒店空间

图 2.1.5　蓝色的酒店空间

图 2.1.6　绿色的酒店空间

图 2.1.7　紫色的酒店空间

图 2.1.8　橙色的酒店空间

切、冰冷。紫色在自然界是较为稀有的颜色，象征着尊贵典雅。紫色可以很巧妙地增加浪漫和诱惑的魅力，在紫色氛围中，可以培养和增强人们的想象力。（图 2.1.7）

6. 橙色。橙色的具象代表有落叶、水果。橙色引发的积极情感包括温暖、记忆、日常性、家庭；消极情感包括喧闹、陈旧。橙色作为暖色，能够让人产生交流的欲望，橙色的物品能够给人留下友好、愉悦的印象。（图 2.1.8）

7. 黑色。黑色的具象代表有夜晚、死亡。黑色引发的积极情感包括力量、庄重、权威、正式；消极情感包括压力、恐惧、距离。黑色象征着权威和力量，是商务人士常用的颜色。黑色是不起眼的颜色，在视觉上能够缩小事物，彰显低调。（图 2.1.9）

8. 白色。白色的具象代表有光。白色引发的积极情感包括干净、纯粹、开放；消极情感包括平淡、静止、贫乏。白色是纯洁的象征，白色是平静的颜色，人们在白色氛围中不容易有强烈的情绪变化。在色彩搭配中，白色是很好的平衡色。（图 2.1.10）

9. 灰色。灰色的具象代表有灰尘。灰色引发的积极情感包括低调、朴素、经典；消极情感包括不干净、呆板、悲伤。如果你用颜料画过画，

图 2.1.9　黑色的酒店空间

图 2.1.10　白色的酒店空间

那你一定知道多种颜色混合最终会变成灰色。灰色具有高雅和百搭的特质，能够彰显低调成熟的魅力。（图 2.1.11）

（二）色彩的性质

在空间设计中，我们以某颜色的色彩占比区分色彩在空间中的性质，分为主体色彩、陪衬色彩、点缀色彩。

1. 主体色彩占视觉主导地位，占据空间面积的 60% ~ 70%，一般会应用在天花顶棚、墙面、地面、门窗等空间中。主体色是陪衬色和点缀色的基础，影响着整个空间的氛围，传递喜庆、冷静、严肃、活泼、庄重、清新等心理感受。

图 2.1.11　灰色的酒店空间

2. 陪衬色彩是在主体用色基础上，作为主体色的衬托而设计的颜色，一般占空间面积的 20% ~ 30%。在空间色彩设计中，如果只有主体色没有陪衬色，整个空间将变得单调乏味。陪衬色一般会被用在家具和软装上，例如桌、椅、沙发、窗帘、台布等，是表达空间风格和个性的重要因素。

3. 点缀色彩在空间中面积最小却最为醒目出彩，一般占空间面积的 5% ~ 10%，往往是空间设计中的视觉中心。点缀色可以采用主体色和陪衬色的对比色或纯度较高的色彩，起到活跃气氛、吸引目光的目的，可以在酒店小景观、摆件、靠枕、花草等陈设中考虑使用，起到既能协调整体环境又富有变化的效果。

三、酒店陈设设计中的色彩搭配与设计平衡

人都有渴望稳定、舒适的视觉感官需求，合理搭配色彩以达到视觉和心理的平衡需要经验和智慧。如果在一个场景中放置一对或多对平衡色，

整体环境就更容易形成稳定、和谐的色彩关系，从而给人留下愉悦且深刻的印象。

（一）色彩的对比

两个以上的色彩以空间或时间关系相比较，有明显的差别时，它们的相互关系即为色彩的对比。对比的最大特征就是产生比较作用，甚至会让人产生错觉。色彩间差别的大小决定着对比的强弱，所以说，差别是对比的关键。有比较才有鉴别，才可以发现和创造色彩之美。在色彩的对比中，黄色和黑色的明度差最大。在色彩配置和色彩组调的设计中，需要把握好色彩的冷暖对比、明暗对比、纯度对比、面积对比、混合调和、面积调和、明度调和、色调调和、倾向调和等，色彩组调要保持画面的均衡、呼应和色彩的条理性，画面要有明确的主色调。

通过色彩的基本性格表达设计理念，从而赋予作品设计个性的同时，设计者再运用色彩，从而让色彩凸显设计意图。设计者要把颜色和设计思想相结合，并利用电脑设计和变化的优势，充分挖掘色彩的丰富性和多变性，使作品承载的设计思想和情绪信息更丰富，从而最大程度地实现设计者的设计理念。

色彩是通过浓度、饱和度、明度以及块面的大小、形状等有规律地组织在一起的。色彩的三要素的渐进、强弱等变化，产生阶调、反复、节奏。如传统的中国画由于毛笔蘸墨汁的含水分的多少、用笔的轻重、移动的快慢产生浓淡、枯润等效果（所谓墨分五色），分出节奏，形成层次，虚实相生而富有美感。

（二）平衡对色

1. 互补色的平衡

互补色的结合形成的对比是最为强烈的。理论上，当等量的互补色搭配在一起时，会使人感受到强烈的视觉冲击，从而留下深刻的印象，适合用在夸张的、张扬的、刺激的情感表达作品中。但是当一个生活场景中出现等量的互补色时，往往会使人产生焦躁的情绪。

我们在使用互补色进行搭配时，可以用减弱色相对比、减小面积对比两种方法来使得场景色彩达到平衡。减弱色相对比是指改变一方的明度或纯度，来削弱强烈的视觉对抗效果。当一方颜色占视觉吸引的主导地位时，色彩感受就趋于平衡了。减小面积对比是指在不改变色彩明度或纯度的前提下，将一种颜色的面积缩小，使其变成点缀，不作为强烈的色彩对抗主体，也可以达到互补色平衡的效果。（图2.1.12）

图2.1.12　酒店空间中的互补色平衡

图 2.1.13　酒店空间中的冷暖色平衡　　　　　图 2.1.14　酒店空间中的深浅色平衡

2. 冷暖色的平衡

对于色彩的冷暖感知是人们基于生活经验总结而来的。通常我们会把红色、橙色、黄色归为暖色，因为它们往往代表了阳光、火焰，能够给人带来温暖的感觉；把蓝色归为冷色，沉积的冰川、广阔的天空、清冷的空气，都给人寒冷的感觉；绿色和紫色是由一个暖色一个冷色调和而成的颜色，当暖色含量高时，变成暖绿色、暖紫色，当冷色含量高时，变成冷绿色、冷紫色，因此它们可以称为中性色，既可以是暖色，也可以是冷色。

在实际设计中，冷暖色的平衡是运用最为广泛的，冷暖色的设定没有固定的标准，依靠对比和感知。例如红色中加入少量的蓝色变成紫红色，当场景中有比紫红色更暖的颜色出现时，紫红这个暖色也变成了冷色。突出某个色彩就减弱与之冷暖属性相对应的色彩，便可达到冷暖色平衡的效果。（图 2.1.13）

3. 深浅色的平衡

深浅色的搭配意味着色彩明度的平衡。深色意味着色彩明度较低，如果陈设计中只运用深色，那么整个场景会使人感到压抑、沉闷；如果陈设计中缺少深色只用浅色，那么整个场景会使人感到飘忽不定、眩晕、找不到重点，内心无法安定。深浅搭配得当，才能给人带来舒适的节奏感和空间感。

在酒店陈设设计中，我们可以考虑到酒店硬装的色彩基调，比如：地面是深色的还是浅色的，是否需要放置地毯改变原有深浅；墙面是深色的还是浅色的，窗帘等装饰需要增强深浅对比还是减弱深浅对比；等等，在设计过程中考虑布置的整体视觉感受。（图 2.1.14）

4. 有彩色和无彩色的平衡

有彩色是指有色相的颜色，即红、橙、黄、绿等；无彩色是指黑、白、灰三色。在任意场景中，如果只有有彩色没有无彩色时，将呈现出眼花缭乱的视觉感受；而场景中只有无彩色没有有彩色时，将变得单调、没有重点。有彩色彰显个性与张力，无彩色彰显低调与控制，只有有彩色与无彩

图 2.1.15　酒店空间中的有彩色和无彩色平衡

图 2.1.16　酒店空间中的花色与纯色平衡

色一同出现，相互衬托，才能发挥出各自的优势。（图 2.1.15）

5. 花色与纯色的平衡

花色是指带有图案、图像、渐变、叠加等复杂的色彩组合，纯色是指抽象的某个单独色块。花色本身包含诸多色彩和图案信息，在场景中起到了吸引注意力的目的；特色的民族图案中有很多好看的花色，可以营造小众的、有民族风格的视觉效果。当花色与纯色平衡时，形成节奏与韵律感，通常能够更加明确地表达情感和主题，给人留下与众不同的印象。（图 2.1.16）

6. 色彩面积大小的平衡

对于色彩的感知通常通过面积大小来判断，大面积的色彩优先被感受到，但往往就不是视觉中心了，我们常会被小面积的、区别于往常的色彩所吸引。所以，在陈设设计中，通过对色彩面积的大小调整来传达设计意图、渲染氛围并引起注意，是非常有效的方法。（图 2.1.17）

在酒店陈设设计中，以上这六种色彩平衡的方式通常可以综合运用，在整体色彩平衡和局部色彩平衡中丰富酒店陈设的层次与美感。

图 2.1.17　酒店空间中的色彩
面积大小平衡

【思考练习】

　　1. 简述色彩三要素的内涵。

　　2. 简述不同文化背景中颜色的象征意义。

　　3. 如何判断色彩在空间中的性质？

　　4. 酒店空间色彩的平衡有哪几种方法？

【设计实践 2.1】

　　酒店前厅休息区背景墙的色彩搭配设计。

第二节　材质与肌理的选择

【学习目标】

　　1. 了解材料种类，丰富质感体验；

　　2. 掌握不同材料与肌理的组合方式。

　　我们生活在动态的三维世界中，周围能够感知的物体形态各有特色。在生活中，通过对各种材料的收集、感受、分析、创造，体会不同材料带来的情绪感受，对我们理解形态、质感、空间会有新的帮助。在酒店陈设设计中，要学会利用不同材质带来不同的视觉、触觉感受，形成富有个性和审美价值的立体空间形态。通过前期有关色彩知识的学习与训练，学生已经掌握相关美学知识，同时也接触了部分材料与肌理元素。在这部分的学习中，重点在于让学生在生活中感知与探索，发现更多具有特点的材质。但需要注意的是，要避免同学们搜集来的材质过于雷同，材质收集不局限于课堂上或校园里，可以进行小组讨论。

　　关于材质与肌理的选择，首先要学会在生活中寻找与体验各种材料。其次要将生活中的各种形态利用摄影、绘画、拓片等手段加以整理，使之成为设计素材；对各种材料质感的气质特点及优缺点进行总结；掌握材质组合的方法与技巧，将设计素材进行组合训练；从小空间的组合到大空间的创建，从整体塑造到局部优化，丰富材质带来的五感体验。从二维平面思维转化到三维立体思维是学习材质与肌理的重要前提。我们在选择物体、空间的材质的过程中，不仅要认识材料本身的属性，更重要的是在立体思维模式中去感知材料。例如一块木头是粗糙又沉重的，一面木墙则是光滑又温暖的，前者是对材料本身的认知，后者是在运用中找到材料的情感表达。我们在生活中接触到的材质多种多样。例如棉花是一种天然材质，也可以经过加工成为棉布，棉布又加工成粗棉布或者混纺材质。在材质收集过程中，需要对比总结各自的特点，根据特点进行相应的组合与处理。同样的材质也会有差别。例如纸张有厚、薄、印花、光面、覆膜等不同的工艺和效果，在处理比较柔软的纸张时就需要框架支撑。要在生活中捕捉和分析材料的特点，注意材料细微的差别，采用合理的方法进行材料的处理和运用。在具体的空间营造中，往往要使用多种材料进行组合搭配，既要组合好不同材料带来的不同肌理效果，也要协调好各种材料质感的对比关系，打造空间整体性与个性化的统一。

材料的世界日新月异，除了已有的自然材质，更多的人工材质正在不断被研发、不断被适应。在生活中多收集新材料，将能够打开设计的视野，创造更多的可能性。在生活中，多记录关于肌理形式的独到见解；在设计实践中，控制肌理效果，并做出审美判断。

一、酒店陈设设计中的材料类型

完整又美观的酒店环境离不开对材料的合理运用，材料是造型的基础。不同的材料特性不同，可以表达不同的质感和韵味；同一种材料也会因为加工方式的不同，而呈现出不同的效果。因此，在酒店陈设设计中，不仅要了解各种材料的属性特征，还要知道各种材料有哪些加工方式，从而设计出新的空间艺术形态。

材料的分类方式有很多种。

（一）根据材料的属性分类

根据材料的属性分类，可以将材料分成天然材料和人工材料。

天然的有机材料有来自植物界的木材、竹材、草等，有来自动物界的皮革、毛皮、兽角、兽骨等；天然的无机材料有大理石、花岗岩、黏土等。（图 2.2.1）

人工材料是经过人为加工或创造的，常见的人工材料有陶瓷、布料、塑料、玻璃、人造皮革等。（图 2.2.2）

图 2.2.1　天然材料（左）
图 2.2.2　人工材料（右）

（二）根据材料的构成形态分类

根据材料的构成形态分类，可以将材料分为块材、线材和面材。

块材：是指块状材料，包括石膏、陶土、泡沫塑料、木块、金属块等。

线材：是指呈线形的材料。具体可以分为软质线和硬质线。软质线是指棉、麻、纸带、铝线等，需要借助硬质线来支撑；硬质线是指木条、铁丝、塑料线等，可塑性强，可以作为轮廓表现韵律，也可作为内部结构形成具体形态。

面材：也称为板材，呈现出大面积单纯的材料特征，如金属板、塑料片、有机玻璃、木板、皮革等。

（三）根据材料的特征及工艺分类

根据材料的特征及工艺分类，可以将材料分为以下几类。

1. 木材

木材是天然的造型材料，在设计中运用广泛，常给人以亲和、舒适的感受。木材本身就具有丰富的纹理效果，也易于加工和表面涂饰，但容易变形、干裂，易燃、易蛀。（图 2.2.3）

木材的主要加工方式有：锯截、刨削、雕刻、连接组合、漆饰等。

2. 石材

建筑中常用的天然石材有花岗岩和大理石，花岗岩质地坚硬、耐磨、耐压；大理石颜色和纹理丰富，但不抗风化，常用于室内。石材会给人以大气、平整的整体感受，是酒店设计中常用的材料。（图 2.2.4）

石材常用的加工方式有：锯切、研磨、抛光等。

3. 纸材

纸张是我们生活中使用广泛的一种材料，有很强的可塑性。纸张的品种有很多，如宣纸、牛皮纸、瓦楞纸、白卡纸等，每种纸都有相应的特征，在设计过程中要多了解纸张的种类，选择合适的纸张可以免于后期的自行再加工。

纸张的加工方式有很多，可以在设计中灵活运用，创造新的形态。例如：折、磨、撕、搓、压纹、烧、黏附、插接等。（图 2.2.5）

图 2.2.3　木材空间（左）

图 2.2.4　石材空间（右）

4. 纤维

纤维材料一般是指有机的天然材料，如麻、棕丝、棉线、毛发，植物的根、茎、叶、皮等。纤维材料是典型的线材，通过缝接、编织、缠绕、黏合、叠压等加工方式，可以形成面材造型和块材造型。（图 2.2.6 ）

5. 金属

金属是古老的实用装饰材料，在古代就有很多种加工造型方式。金属密度大，易于长时间保存，因此古代很多精美又实用的金属器皿留存至今。随着科技的进步和生产力的提高，铁、铝、铜、金、银、锡、钨等金属可以加工合成，性质各异。使用金属作为装饰材料可以展现出力量和品质。（图 2.2.7 ）

金属的成形加工方法有铸造、锻造、滚压、拉丝、切削等，表面处理方法有压印、喷漆、涂刷、贴膜等，造型方法有弯曲、绕盘、扭拧、编扎等。

6. 塑料

塑料是高分子有机化合物，如合成树脂、橡胶等有机合成物，形成工艺相对简单，质量较轻却坚固持久，可以有多种色彩、图案变化，但是耐热性较低。造型方式丰富多样，能够打造各类风格的产品。（图 2.2.8 ）

图 2.2.5　纸材空间

图 2.2.6　纤维制品陈设布置

图 2.2.7　金属制品陈设布置

图 2.2.8　塑料陈设制品

图 2.2.9　玻璃空间（左）
图 2.2.10　陶瓷空间（右）

7. 玻璃

玻璃器物的使用最早出现在埃及和美索不达米亚，是古老的工艺技术和现代时尚的融合。玻璃具有很强的反光性，能够表现出晶莹剔透的质感，从而表达高洁纯净的气质。（图 2.2.9）

玻璃常用的加工工艺有：着色、打磨、刻花、吹制等。

8. 陶瓷

陶瓷的原料主要是陶土，陶土由黏土及各种经过粉碎、混炼的天然矿物组成。陶土本身温润细腻，加上变化丰富的釉彩，可以塑造各类风格的陶瓷制品。现代陶瓷艺术的装饰形式通过纹样变化，进行排列和组合，以形式阐释情感，色彩丰富，刚柔并用，灵活多变。（图 2.2.10）

在酒店陈设设计中，充分理解各类材料的优缺点，利用各种材料的特征和性质，将材料进行组合，实现块材、线材和面材的功能转化，丰富酒店整体环境氛围。

二、酒店陈设设计中的肌理

肌理是物体表面的细节特征造成的形式质感。肌理可以分为天然肌理和人工肌理，还可以分为视觉优先肌理和触觉优先肌理。肌理在物体造型和室内外环境打造中有着重要的作用：一方面，肌理可以增强立体感，丰富的肌理可以使得物体更加完整且细腻，可以利用材料本身的肌理效果来丰富物体的视觉美感。另一方面，肌理可以分割空间，打造不同的功能。例如：酒店大厅门口放置防滑的粗糙地毯，示意酒店外围区域；进入酒店后地面光滑，示意酒店内部整洁如家。在日常物件设计中，也可以利用肌理的不同触感增强情报作用。

通过分析肌理的用途，可以将肌理的效果表现形式分为肌理的视觉表现、肌理的触觉表现和肌理的心理表现。

图 2.2.11 细密光亮的肌理空间（左）

图 2.2.12 平滑无光的肌理空间（右）

（一）肌理的视觉表现

肌理的视觉表现是光感作用于不同材料的物体所产生的不同光泽度的体现。由于不同材料、不同质地的反光能力不同，所形成的不同反光效果使得物体在视觉上有不同的感受。

1. 细密光亮的肌理

细腻透亮的材料表面会更容易反射光，形成相对明亮的视觉效果，例如陶瓷、大理石、金属等。（图 2.2.11）

2. 平滑无光的肌理

天然质朴的材料光感较弱，沉静含蓄，例如木板、石膏等。（图 2.2.12）

3. 粗糙无光的肌理

粗糙的材料本身由于过多的折射削弱光感，形成稳重有力量的视觉效果，例如纤维材料、未加工的木材等。（图 2.2.13）

肌理的视觉表现受观察距离的影响很大，远观和近看往往会有较大的效果差距。

（二）肌理的触觉表现

触觉感受具体可以分为压觉、温觉和湿觉等。不同的肌理会让人产生不同的触觉感受，总结为两类：一是使人感到快适的触感，二是让人感到厌憎的触感。一般来说，细腻丝滑的绸缎，精密加工的金属、皮革，光滑的塑料，精美的陶瓷等会让人想要感触，而粗糙的砖墙、未干的油漆、腐朽的木板等会让人厌以触摸。在酒店陈设常用的材料中，要尽可能提供相对光滑的、温润的、干燥的环境来增强顾客愉悦的触感。

（三）肌理的心理表现

肌理的视觉感受和触觉感受能够引起相应的心理变化。在实际运用过程中，可以将

图 2.2.13 粗糙无光的肌理空间

物体进行多种肌理的组合，控制好各种肌理的使用面积，使得整体达到和谐。

1. 光滑与粗糙

光滑给人带来干练的、整洁的、现代的心理感受；粗糙给人带来质朴的、厚重的、磅礴的心理感受。

2. 柔软与坚硬

柔软给人带来轻松的、细腻的、舒适的、温暖的心理感受；坚硬给人带来坚固的、明朗的、充满力量的心理感受。

3. 光泽与素净

光泽给人带来透亮的、时尚的、清凉的心理感受；素净给人带来安静的、自然的、温馨的心理感受。

三、酒店陈设设计中材质与肌理的组合设计

在实际设计过程中，设计师会利用不同材料的独特性和差异性，通过组合不同材质，充分地展现材料本身的质感美和肌理美，来创造富有个性、特色、艺术感的空间。在酒店陈设设计材料选择和组合过程中，既要合理搭配各种材质的肌理质地，又要协调好各种材料之间的对比关系。我们将组合方式主要分为相似质感材料组合和对比质感材料组合。

（一）相似质感材料组合

相似质感是指材料表面的平滑度、反光度、轻重感等都呈现类似的效果。例如打磨光滑的大理石和有色玻璃、木片和厚纸张等。选择相似肌理材质进行组合，在效果上更能体现统一，也是很好的中介和过渡，使得环境整体和谐有序。（图 2.2.14）

（二）对比质感材料组合

几种质感差异较大的材料组合在一起会产生不同的效果，在酒店陈设设计中，设计师常思考不同材质如何搭配会协调而不单调。在搭配过程中，要充分考虑材料的质感美，可以通过思考平面与立体空间的关系、每种材料的运用面积、材料的直观表达和隐藏设计等，来产生材料间相互烘托、相互映衬的效果。

在酒店空间中，可以通过巧妙的设计，增加肌理组合效果，使得组合方式更为自然，营造出多变丰富的节奏韵律，使得酒店给人耳目一新的独特感受。（图 2.2.15）

1. 镂空与叠加

随着工艺技术的不断提升，很多材料已经突破单一呆板的使用方式，例如可以通过镂空，使得原来不透光的材料也富有变化。在镂空设计基础上，两种材料叠加组合，能够增强空间的感染力。（图 2.2.16）

图 2.2.14　相似材质的组合空间

图 2.2.15　对比材质的组合空间

图 2.2.16　材质的镂空与叠加

图 2.2.17　材质的解构与重组

2. 解构与重组

普通的材料也具有表现力，将一种材料打散、重组，或是将几种材料打散后融合，都可以造就不同的视觉效果。但在设计过程中要注意，材料的使用方式创新是为整体空间的协调统一服务的，切勿追求材料美感而忽视空间的需求。（图 2.2.17）

"现代主义"提出"少即是多"的口号，形式上提倡非装饰的简单几何造型，对现代酒店空间设计风格具有一定的影响。现代酒店空间设计越来越重视设计的简洁与自然，以满足基本功能为前提，强调运用抽象的几何形态要素包括点、线、面，或是单纯的线面、面面交错排列，来创造简洁大气的造型。"简洁"的设计思想有着深刻的美学根源，随着生活节奏的加快，人们对周围的事物产生了越简洁越轻松的感觉。追求简洁需从色彩、造型、材质各方面着手，反对多余装饰的同时，崇尚合理的构成工艺，尊重材料的性能，讲究材料自身的质感和色彩的搭配。

在酒店空间设计中，从硬装到家具，从隔断到陈设，应当是各种材质简约与丰富、质感与品位、实用与个性的相互照应、有机组合，在越来越强调个性化设计的今天，装饰材料的质感表现将成为室内设计中空间材质运用的新焦点。在设计中要注意将复杂的结构简单化，同时，将主要的结构特征加以突出和强调，达到引人注意的效果。

【思考练习】

1. 简述酒店空间中常用材质的种类及特点。

2. 简述肌理的功能与作用。

3. 肌理的心理表现有哪些？

4. 有哪些方法可以增强材质肌理的组合的美感与丰富性？

5. 简述材质肌理组合的原则。

【设计实践 2.2】

不同材质肌理组合创作。

第三节　形式美法则

【学习目标】

1. 了解设计的形式要素；

2. 掌握设计形式要素的艺术法则。

任何一个设计作品都是内在功能与外在形式的统一体，通过思考与设计，将作品的形态、色彩、肌理等外观形式进行合理的排布，使之让人们产生不同的审美感受，从而引起共鸣。形式美来源于我们的生活与实践，在酒店陈设设计中具有重要的影响；设计的根本目的离不开形式美，其是整个设计活动的基本要求。在设计过程中设计师根据设计需要，选择合理的表现形式，增强作品的节奏和韵味，能使作品呈现出功能与美感的统一。

首先理解形式美来源于设计学、美学、心理学等学科知识的融合。在设计形式的过程中，理解设计与自然、设计与社会活动、设计与设计成果之间的关系，通过观察、发现、感受、体验以及思考，转化成个体对美的认知；加强形式美法则的理论实践，在设计中提升对材料、色彩、形态的灵活运用。

带着最终需求和目的进行形式美的设计，可以避免过于看重外在形式而偏离功能。形式与功能互为补充，缺一不可。形式的变化是多样的，没有统一的答案。在设计过程中，将设计作品作为整体，学会整理和归纳产生形式美的方法，形成个人对美的理解。技术的发展、材料的更迭、设计理念的变革等，都要求设计师不断探索，推陈出新，将形式美法则作为设计实践的基础，将时尚和创意作为设计实践的风向标，使得设计作品有别样的灵魂。

一、酒店陈设设计中的形式要素

在立体空间中，使用不同的材料，将点、线、面、形体、色彩等基本元素进行构建，按照美学要求组合成新的艺术形态。这个过程是将材料进行合理运用，加入个人的设计思辨、表达设计情感的逻辑创造过程。因此，要熟悉设计的形式要素，进行综合训练，把材料、技术、视觉美感相融合。

（一）点

点是一切形态的基础，点没有长、宽、高和厚度，只有位置。点通常是指小的东西，但需要有环境做比较，是相对而言的。点有很强的视觉吸引力，连续的点能够让人产生流动感、密集感、疏松感，并且能够很好地呈现出凹凸、波动的变化。在酒店陈设设计中，点的元素无处不在，可以是一盏灯、一幅画、一个装饰品等。点可以增加空间的层次感，活跃空间气氛。（图2.3.1、图2.3.2）

（二）线

线条有长度、方向、位置的属性，也有动感、情感、体积等特点。线有很强的心理暗示作用，可以直接表现出动、静、轻、重、收、放等各种心理感觉。在日常生活中，存在着各种各样的线条，可以把这些线条分为三大类：直线、曲线、折线。不同类型的线条给人带来的感受是不一样的。

1.直线

直线具有力量感，直线可以简洁明了地指明方向，给人以安定、单纯、

图2.3.1 酒店空间中的点元素（装饰）（左）
图2.3.2 酒店空间中的点元素（灯光）（右）

平稳的视觉感受。将直线整齐排列，能够展现出静止的和谐平稳。直线的粗细变化也能产生相应的视觉效果。粗直线让人感受到强壮与力量；细直线则令人感到轻松明快，能够突显更多细节。但直线也容易让人感到单调、乏味。（图 2.3.3）

图 2.3.3　酒店空间中的直线（左）
图 2.3.4　酒店空间中的曲线（右）

2. 曲线

曲线会让人产生柔和、轻盈、优美、韵味、流畅的感受，富于动态的美感。由于相互之间的弯曲程度不同、长度不同，便会形成不同感受的曲线形态。但曲线常常会带来无力和不稳定等直观感受。（图 2.3.4）

3. 折线

折线会让人产生变化、转折的视觉感受，给人动态感和灵巧感。折线介于直线和曲线之间，是两者的融合。折线的不同起伏变化形成不同的风格面貌。（图 2.3.5）

在酒店陈设设计中，要掌握线的构成语言，仔细考虑线的方向、宽窄、疏密、节奏韵律与均衡关系等问题。通过对线的处理，体现出线变化的多样性。

（三）面

面可以看作是线的移动展开。面可以分为规则的面和不规则的面。规则的面一般包括对称的面、重复的面、渐变的面等，呈现出和谐、平静、有秩序的特点；不规则的面是自由的面、对比的面、偶然的面，呈现出富有变化的、生动的、充满趣味的特点。可以利用面的大小、形状、外轮廓等来表达情感，也可以用调子、肌理、技法来丰富面的内涵。（图 2.3.6）

（四）形体

形体可以理解为物体的外在形状。在构成设计中，物体形态主要由点、线、面按照一定规律组合而成，在二维平面和三维立体上有所区分。不同的形体带给人们的视觉感受是不同的，可以将形体分为几何形体和非几何形体两大类。

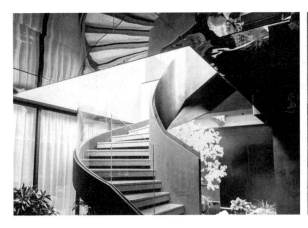

图 2.3.5 酒店空间中的折线
（左）

图 2.3.6 酒店空间中的面（右）

1. 几何形体

圆、方、三角是基础的几何形态。圆形能让人感受到包容、柔和、完美；正方形能让人感受到稳定、静止、公平；三角形能让人感受到稳固、庄重。在圆、方、三角三种基础形态上衍生出的几何形也有视觉感受的差别。椭圆给人变化、某方向的力量之感；菱形给人精巧、灵动之感；倒三角形给人动荡、不稳定之感。（图 2.3.7）

几何图形是一种典型的抽象形式，摆脱了具体物像描摹的方法，呈现出简约的设计美感。

2. 非几何形体

非几何形态灵活多变，充满想象力和创造力，能够很好地增添空间的趣味性。例如缅甸仰光酒店大堂装饰，各种形态的民族器物给酒店增添了轻松愉悦的氛围。（图 2.3.8）

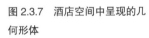

图 2.3.7 酒店空间中呈现的几何形体

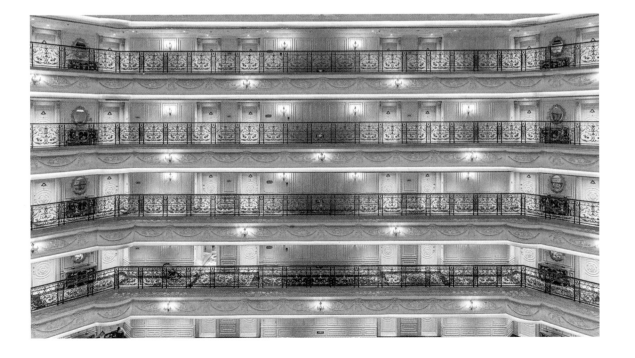

图 2.3.8　酒店空间中的非几何形体

（五）色彩

在形式美的设计中，色彩是需要考虑的重要元素。色彩会对人的视觉产生相应的刺激进而让人产生心理的变化和情绪反应。色彩有冷暖色之分，例如，红色、橙色、黄色为暖色调，能够让人感受到温暖、欢乐、活跃；蓝色是冷色调，能够使人平静，让人感受到清凉。同时，色彩也能够让人产生软硬、轻重、强弱、远近等感受。色彩带给人的这些感受往往是受到自然事物的影响。例如：金色的金属，所以金色的物品往往给人硬挺的质感；白色的羽毛、雪花，同样的物品，如果是白色会让人觉得重量较轻。色彩也具有象征意义，会随着文化环境的改变让人发生相应的心理变化，例如，白色在西方寓意纯洁美好的爱情，而在东方有时会代表对亡者的哀悼。

随着历史的变换更替、文明的进步，形式之美也不断地吸收整合、发展变化、积累沉淀。酒店陈设设计中，应在注重其产生视觉冲击力的同时，充分考虑到形式所蕴含的精神内涵，并且还要符合现代人的审美情趣和价值取向。

二、对酒店陈设设计形式要素的审美认知

设计中的审美过程是一个相对抽象的概念，我们可以从审美的知觉过程来具体感受形式美产生的步骤，从而更加深刻地认识到形式美在设计中的重要性。设计的审美过程包含四个阶段：感知、理解、联想与想象、情感，是一个综合、整体、连续的过程。

（一）感知

感知是通过五感对外界事物的直接判断，是人们认识外界事物的开端。通过感觉，人们可以直观地对事物形态、颜色、气味、软硬等特点进行判断，获得最基本的审美快感或初级美感。

在酒店陈设设计中，设计者通过理性思考，将材质、色彩、大小进行组合排列，刺激人们的视觉、嗅觉、触觉和听觉等，让人们产生美感体验，能够让人们快速产生对酒店空间的喜爱。在这个过程中，设计者要注意观

察哪些陈设设计容易引起关注，提高审美的敏锐性，培养抓住重点的能力。

（二）理解

理解是在感觉的基础上，在个人经验和社会条件的影响下形成的。人们把各种感觉的信息综合起来，包括知识、经验、情感、兴趣等，调动过去的记忆来解释看到的外在事物情态，是一个从感性到理性的过渡过程。

理解是一个综合的产物，因此会有"一千个读者眼中就会有一千个哈姆雷特"这个说法。在酒店陈设设计中，设计表达情感内涵的部分就是让人们的理解产生偏差的缘由。由于酒店空间是一个开放的空间形态，在设计过程中，尽可能使用被广泛认知的意象事物来表达，便于人们快速与设计者达成理解上的共识。

（三）联想与想象

当眼前的景物引发了过去的记忆，或是另外的相关事物时，就称之为联想；当眼前的事物引起头脑中描绘了对未来或虚拟场景的景象时，就称为想象。联想与想象都是心理推移的过程，联想具体可以分为接近联想、相似联想、对比联想、因果联想等。

影响审美联想的因素包括事物对人心理产生刺激的强度和频率。在酒店陈设设计中，设计师通常希望人们的联想与想象是正向的、带来愉悦的，例如能够回忆起过去美好的时光，或是通过环境塑造让人仿佛置身在遥远的异国他乡，等等。在设计中利用夸张、衬托、象征等手法，能够为联想与想象打下心理基础。

（四）情感

情感是指当人们在经过审美认知过程后，产生主观的意识，形成了个人对于事物独特的审美态度和情绪体验。简单来说就是对一个事物的喜恶及程度，是一种主观态度和感受。情感相较于前三个阶段，更为持久和无法被轻易改变。

情感结合审美的心理因素，使人们思考事物存在的目的和理想状态，推动着人们产生不同的审美情感。人们的审美能力、文化艺术修养、生活经验、思想境界，甚至包括当时的心境都对产生情感起着决定性的作用。在酒店陈设设计中，设计者要以不断提高自身的文化素养为前提，并充分理解他人拥有不同的审美情感，力求达到陈设空间设计与人们的愿望相和谐、相促进的境界。

三、酒店陈设形式美设计法则

设计的形式美具有独立的审美价值，设计作品所呈现的结构、形态、色彩等都能创造美感。在构成设计中，关于形式有以下几个设计法则：对称与均衡、节奏与韵律、比例与尺度、对比与调和、明暗与阴影。

（一）对称与均衡

对称是指两个或两个以上的相似形态，以一个点或线呈等量等形的组合形式，给人以庄重、稳定、均衡、有秩序的视觉美感。对称在自然界中很普遍，例如人脸、叶子、飞鸟的双翼等；汉字中也有很多是对称形态的，如"美""天""喜"等。对称呈现出规律的美感，展现出平和的情态。

均衡也是一种对称，在完全等形等量中找到平衡。均衡有两种表现方式：一是等形不等量，二是等量不等形。可以在大小、轻重、粗细、虚实上寻找变化，使得整体协调，更具设计的活泼与灵动。

在酒店陈设设计中，对称与均衡是常用的一种形式设计方法，给人带来稳定平和、宾至如归的心理感受。在酒店空间设计中，考虑在对称的结构下，变化部分装饰的色彩、材质、形态，能够更好地增加空间的动感与细节，增强空间的艺术魅力。（图 2.3.9）

（二）节奏与韵律

节奏是指设计元素通过一定的起伏变化，呈现出有规律的重复性美感；韵律则是节奏变化下带来的对美的愉悦感受和较为长久的舒适情绪。节奏与韵律是灵动多变带来的形式美感，生活中也有很多节奏带来韵律之美的体现，如四季的轮回、日月的交替、清脆的鸟鸣等。（图 2.3.10）

在酒店陈设设计中，可以使用以下设计方法增强空间的节奏与韵律。

1. 连续。将一些设计要素（色彩、形体、材质等）进行有规划、有条理的连续排列，产生节奏统一、视觉规范的效果。在门窗装饰设计或陶瓷砖面设计中采用得较多。

2. 渐变。将设计要素的某一方面进行有规律的逐渐变化，如体量、高低、长短、宽窄、色彩等，形成丰富且有规律的视觉感受。

3. 交错。在设计中将两种或两种以上的设计要素按规律进行穿插和交织，使元素之间相互融合，产生统一又不失变化的韵律之美。

（三）比例与尺度

比例是物体的各个部分或整体与部分之间的大小、长短、粗细、轻重

图 2.3.9　对称与均衡的酒店空间设计（左）

图 2.3.10　节奏与韵律的酒店陈设设计（清远芊丽酒店）（右）

等存在一定合乎情理的对比关系。在任何设计中，都要考虑物体比例所带来的和谐感受。尺度包含两层含义，一是指事物本身的尺寸大小，二是指人与物体相互对比作用下互相的大小比例关系。

生活中很多实用设计都离不开合适的比例与尺度这一设计原则，例如：桌椅的高低大小要符合人体工程学的内容，装饰画的大小高低变化会直接影响观者对画面的感知，等等。酒店是一个为人服务而设计的场所，在酒店陈设设计中，要从人的生理和心理两方面出发，衡量酒店中的装饰是否满足以人为本的设计本质，以人的尺寸作为物体设计的衡量标准。（图 2.3.11）

（四）对比与调和

对比是将明显有差别的两种或两种以上形式要素组合在一起，形成相互间的比较和相互间的作用。对比更强调彼此间的差异和特点，提升了相互作用下产生的视觉冲击力。对比可以体现在形态的大与小、方与圆、曲与直、长与短、明与暗、色彩的冷与暖等方面。在陈设设计中，还能够在材质的冷与暖、平滑与粗糙，光线的明与暗，室内外的紧凑与舒展等方面进行对比，形成强烈又富有动感的视觉感受。

调和是将对比形成的强烈反差进行制约和舒缓，从而形成一个完整的整体。例如可以将在色彩上形成强对比的两个物体，在形态或是材质上采取过渡或统一，给人以协调、融合的感受。（图 2.3.12）

（五）明暗与阴影

在酒店空间中，明暗与阴影的形式美在很多空间中都有所体现。材质和用色本身就存在明暗关系。在酒店空间中，也常利用灯光效果来塑造明暗，以突出安静的氛围和精彩的细节塑造。明亮的空间容易使人清醒，感到内心自在；灰暗的空间会使人安静、小心或者紧张。在陈设设计中，设计者需要考虑空间的定位与作用，从受众角度出发，注意白天与黑夜的时间过渡带来的阴影变化所产生的不同视觉效果。（图 2.3.13）

在自然界或人造景事物中存在丰富的形态和纹样，形式美存在于我们身边，需要有发现美、理解美、运用美的眼睛，感受其中有意义的元素。

图 2.3.11　酒店空间中的比例与尺度（左）
图 2.3.12　酒店空间中的对比与调和（右）

诸多设计领域都有各自优秀的作品，例如服装设计、海报设计、产品设计等。空间中的形式美灵感不止可以在空间设计作品中寻找，例如蒙德里安的方块格可以运用在家具设计、产品设计中。在找寻灵感的阶段可以广泛涉猎优秀的设计作品，思考形式美的规律，创造有意味的画面。在生活中可以做相关的训练，观察自己会被什么样的视觉元素吸引。一般情况下，人们会对熟悉的造型、特殊的色彩、夸张的形象等产生关注，同时

图 2.3.13　酒店空间中的明暗与阴影

观察这些元素间相互的关联性。多积累优秀作品素材，思考其优点和是否可以借鉴到自己的设计中。但是，由于每一个设计场景和主旨不同，不能完全复制，借鉴任何设计作品时都不能原封不动地照搬，要根据不同的设计需求，做出相应的调整。

【思考练习】

　　1.简述形态构成的基本元素。

　　2.线的形态包括哪些？各有哪些特征？

　　3.形式美法则包含哪些内容？

　　4.简述形式美的基本规律。

　　5.在生活中有哪些事物具有形式美？

【设计实践2.3】

　　形式美感知与设计。

第三章　酒店陈设设计元素

引言

　　室内陈设设计在空间确定以后，整个环境的设计和布置陈设品是主要的工作，它们是室内环境功能的主要构成因素和体现；同时，陈设品的布置排列设计，对整个空间的分隔以及对人的活动及生理、心理的影响也是很大的。

　　在酒店室内环境中，"陈设品"是表达精神功能的媒介。从表面上看，它的主要作用是加强室内空间的视觉效果，但实质上它的最大功效是增进生活环境的性格品质和灵性意识。陈设品的范围很广泛，因此在酒店室内设计时要特别注意陈设品的选择与布置。

背景知识

陈设品的布置

　　陈设品的布置是一项颇费心思的工作。由于室内条件不同、个人因素各异，因此难以建立某种固定而有效的模式。相对而言，只有根据各自的需要，将个别的灵性意识转化为创造力量，才能做到得心应手，从而获得独特的表现。从陈列背景的角度来说，室内任何空间都可以加以利用，其中最常采用的基本陈设布置方式有以下几种。

一、墙面装饰

　　墙面装饰（图 3.0.1）以绘画和浮雕等美术品或木刻和编织等工艺品为主要对象。除了重视作品的题材和风格以外，一方面必须注意作品本身的面积和数量是否与墙的空间、邻近的家具以及其他的装饰品存在良好的比例关系；另一方面必须注意悬挂的位置如何与邻接的家具和其他陈设品之间取得活泼的平衡效果。墙面狭小而画面巨大，势必挤塞，不如小幅作品来得恰当；相反，墙面宽大而画面太小，则显得空洞，必须增加画面或增加篇幅来加强气势。当然，墙面适度留白是更为重要的，否则，再精彩

的作品也将因局促而减色。

　　想要获得较为庄重的感觉，可以采用对称的手法，将一幅或一组图画悬挂在沙发、壁炉或床头上方的中央位置，使之与邻近的所有摆设形成对称平衡的关系。这种方式简单有效，但要避免呆板。相反，假如希望获得较为生动的效果，以应用非对称的法则最为有效，但必须从所有陈设的量感调节之中去发挥平衡作用。

　　同时，陈列的方向也是重要的。同样的一组图画，作水平排列时，感觉安定而平静；作垂直排列时，则感觉激动而强劲。

　　此外，如果一组墙壁必须同时陈列数量较多、面积差别较大而题材风格较复杂的图画，由于本身的变化已经太多，只有从整体的秩序着手才能生动。尤其是对于面积的配置和色彩的分布等问题，只有搭配得当、避免凌乱，才能达到完整的效果。

二、桌面陈设

　　桌面陈设的狭义解释是餐桌的布置。在欧美各国，餐桌的陈设是非常考究而严格的，它不仅用精美的餐具求取高贵的感受，而且更以巧妙的摆设品来加强用餐的愉悦气氛。从广义的角度来说，桌面陈设的范围较为广泛，它包括咖啡桌、茶几、灯桌、边柜、供桌、化妆台等桌面空间（图 3.0.2）。适宜陈列的摆设品以灯具、烛台、茶具、咖啡具和烟具等应用器物以及雕刻玩偶和插花等艺术品或工艺品为主要对象。

　　桌面陈设的原则与墙面装饰是大致相同的，其中最大的差别是桌面陈设必须兼顾生活及活动的配合，并注意更多的空间支配问题。

　　从陈列的形式来说，桌面的所有摆设品不仅必须搭配和谐、比例均衡、配置有序，而且必须与室内的整体紧密联系。因此，桌面摆设只有在井然有序之中求取适当的变化，从均衡的组织之中追寻自然的节奏，才能产生优美的感觉。

图 3.0.3　橱架陈设

三、橱架陈设

橱架陈设（图 3.0.3）是一种具有储藏作用的陈列方式，它适宜单独或综合地陈列数量较多的书籍、古董、工艺品、纪念品、器皿、玩具等摆设品。

无论采用壁架、隔墙橱架或陈列式橱架等任何形式，橱架本身的造型、色彩必须绝对以较少为宜，以免给人过分拥挤或不堪重负的感觉。假如有必要同时陈设数量较多的摆设品，必须将相同或相似的器物分别组成较有规律的主体部分和一两个较为突出的强调部分，然后加以反复安排，从平衡关系的调节中求取完美的组织和生动的韵律。

实际上，陈列品可以随处任意陈列，除了上述的基本方式以外，门窗、地面和天花板等空间都能作为良好的陈设背景。只要选择恰当而构思巧妙，必能化平凡为神奇，并为室内制造生机盎然的情趣。

陈设品在设计及布置时必须考虑两个因素：一是充分了解功能上的要求；二是具有较高的广泛的艺术素养和艺术鉴别能力。设计及布置时要注意：根据空间大小布置，大空间的陈设布置偏大，小空间的陈设布置则偏小；交通枢纽由于人们停留的时间较短，布置的陈设品应考虑粗犷、明显、突出等特点；休息空间、居室、接待厅等人们逗留时间较长的空间，其陈设品宜细腻、精致、小巧玲珑。

本章学习目标

1. 了解酒店陈设设计元素；
2. 掌握各陈设元素的设计方式。

本章学习指南

一、学习方法

酒店陈设品种类多，涉及的领域广，学生在学习这一章节时，首先应注重课外拓展阅读，对各类陈设设计元素尽可能多地了解其专业领域的知识，这样能提高设计的合理性和可实现性；其次要关注陈设品的市场动态，了解新产品的信息，特别是新材料、新技术在陈设品制作中的运用，为设计加入时代、时尚特征。

二、注意事项

陈设品的选择，除了必须充分把握个性的原则以加强室内的精神品质以外，还必须同时兼顾下列几个基本因素。

（一）陈设品的风格

选择室内陈设品的重要因素是风格，在和谐的基础上寻求强调的效果是最高的境界。在这个前提下，体现陈设品的风格有两种主要的途径：选择与室内风格统一的陈设品；选择与室内风格相对比的陈设品。陈设品的风格若与室内风格统一，可以在融洽中求得适当的加强效果；相反，如果采用对比的手法，可以在对比中得到生动趣味。假如室内风格非常独特，陈设品的风格几乎别无选择，只有侧重与室内相同的风格；假如室内风格较薄弱而不明显，则陈设品的风格具有较大的弹性，可以从各个不同的角度去寻求强调的途径。

（二）陈设品的形式

陈设品的形式往往比陈设品的风格更重要。换句话说，陈设品本身的造型、色彩和材质表现是选择时更为重视的条件，尤其是现代室内设计日趋单纯简洁，陈设品的形式相对也更重要。从造型的角度来说，它虽然必须寻求与室内风格的统一，但是更需要重视它的强调效果，采用适度的对比以求强调的效果，是极为可靠的途径；可是，当陈设品的造型与室内背景形成过分强烈的对比时，必须根据平衡和比例原则，通过减少数量或缩小面积和体积的方式进行适当的调节，才不致产生过分堵塞和喧闹的不良效果。

（三）陈设品的色彩

陈设品的色彩常属于整个室内色彩设计的强调色。除非室内色彩已经相当丰富或者室内空间过于狭小，一般而言，陈设品会采用较为强烈的对比色彩。即使陈设品本身的价值和意义特别珍贵和重大或者造型特别优美，也应该避免使用单调沉闷的色彩。陈设品的色彩强调，绝不能缺乏和谐的基础，如果色彩过分突出，必然产生牵强、生硬的感觉。尤其是选择数量较多的陈设品陈列时，色彩往往较为复杂，除了必须将陈列背景的色彩作单纯素净的处理以外，必须善于运用反复与平衡原理进行调节，才能求得融洽而生动的效果。

（四）陈设品的质地

陈设品的种类繁多，其所用的材料很复杂。只有分别组织各种不同材料，经过不同技巧处理以后呈现不同的质地，才足以把握陈设品在材质方面的特色。例如，磨光大理石花瓶表现出柔细光洁的趣味，而毛面处理的同样器皿却显得粗犷浑厚。原则上，同一空间只有选用材质相同或类似并与陈列背景形成对比效果的陈设品，才能在统一之中充分表露材质的特色。

第一节　布艺

【学习目标】

1. 了解布艺的分类及作用；

2. 掌握布艺陈设的配套设计模式；

3.掌握布艺陈设的设计原则。

经过几百万年的进化，人类躯体由骨骼与肌肤构成为"软"与"硬"的辩证统一的矛盾体，与此同时，软性的毛发和服装又是人类百万年来借以御寒遮羞、美化自己的工具，这些因素决定了人类对织物存在着天然的亲切感和认同感。凭借纤维材料织造或制作形成的室内布艺陈设，一方面具有把人们引向更舒适的生活环境的意义，另一方面还担当着使人与建筑等硬性物质构造物彼此善待、相互依托的重任。因此，室内布艺陈设以其独特的柔软质感和其易于加工的特性成为室内空间中不可缺少的构成要素，与人们的生活结下了不解之缘，成为使室内环境更趋人性化的重要手段。

一、室内布艺设计的基本概念和作用

室内布艺设计是指以布为主要材料，经过艺术加工，达到一定的艺术效果与使用条件，满足人们生活需求的纺织类产品设计。室内布艺包括窗帘、地毯、枕套、床罩、椅垫、靠垫、沙发套、台布、壁布等。

布艺在室内空间中具有物质与精神的双重功能。在物质功能上，它对室内空间的分隔、室内色彩关系的调整、室内装饰的丰满与充实、室内空间舒适度的增加、室内界面质感的对比、室内空间内含物间关系的调整以及使用功能的完善、室内空间整体气氛的体现等都有至关重要的作用（图 3.1.1）；在精神功能上，因为布艺独特的材质、颜色、图案和肌理，其能缓解建筑物的坚硬感，使身处室内空间的人感到放松、舒适、亲切，增加室内空间的人情味。

图 3.1.1　布艺软化室内空间

二、布艺陈设的分类

室内布艺陈设在室内空间中不是一个自给自足的封闭系统，它依托于室内空间环境中具体的顶面、地面、墙面以及具体的家具陈设等元素，这些元素作为骨骼决定了布艺陈设最终以什么样的空间造型呈现于人们面前，而室内界面及家具陈设等元素又必须依靠布艺来实现完整的功能、丰富的质感以及最终室内呈现出的风格。可以说布艺与这些元素间是你中有我、我中有你的相互包含关系。本书将室内布艺陈设分为墙面贴饰类、地面铺设类、窗帘帷幔类、家具蒙罩类、布艺装饰品类和小型布艺陈设类六大类分别进行介绍。

（一）墙面贴饰类

墙面贴饰类布艺陈设以墙布为主要代表，其能为室内空间渲染气氛，起到一定的吸音、防潮、保暖、阻燃等作用。在室内空间中，贴饰墙布的墙面是大面积的连续平面，与观察者视线垂直，处于优势视区，是室内空间以及室内其他陈设元素的背景。它的质感与色彩在很大程度上会对室内空间整体风格意象产生影响（图 3.1.2），给人柔和、温暖而华贵的感觉。

不同图案的墙布可解决不同的空间问题。例如：设计时可用带有故事性的墙布表现空间主题；用陪衬性或协调性的墙布辅以腰线，可使邻近房间产生更多的整体感；而在解决室内装饰上的细节问题时，如赋予分段墙体以整体感，掩盖碍眼物体时，也可求助于有图案的墙布。

（二）地面铺设类

地面铺设类布艺以地毯为主要代表，它处于观察者的视平线以下，是承托其他陈设的背景，并能较有效地形成空间上的聚合感，为室内空间渲染气氛并让使用者产生平稳厚实的心理感受。相较于其他布艺陈设，地面铺设类布艺的综合性能需要很高，必须具有很强的装饰性，但又不怕磨损和污染，能保证地面的硬度、弹性和防滑性等使用性能，有减少噪声、减少热传递、增强使用者脚感与舒适度的作用。

地毯在室内空间中有局部铺和满铺两种陈设方式。局部铺通常置于大空间中的某些特定功能区域，例如沙发会客区，这样就能界定出一个会客空间，给人舒适、聚合之感。例如，巴厘岛 Katamama 酒店客房采用会客区域局部铺设地毯的方式聚合会谈空间，强化小空间功能感；地毯色彩与整个空间中的沙发、靠垫、挂画、摆设装饰物相呼应协调，融入感强；

图 3.1.2　墙面贴饰影响室内空间整体风格意象（左）

图 3.1.3　地毯局部铺设（右）

图 3.1.4　地毯满铺

地毯质地和工艺采用当地材料、手工艺人手作的方式，与靠垫、桌旗、墙饰一起讲述地域性文化故事。（图 3.1.3）满铺多见于空间相对单纯的场所，如会议室、客房、宴会厅等，可柔化空间视感，提高地面的使用舒适性。（图 3.1.4）

（三）窗帘帷幔类

窗帘帷幔类布艺以窗帘、帷幔、流苏、经幡等为主要代表，主要起到遮阳、调光、保暖、防风、减少噪声以及限定室内空间的作用。窗帘帷幔悬挂起来后在重力作用下所产生的褶皱纹路，具有强烈而又柔和的方向性，这种方向性还能随着自然风及人为调节而产生相应的变化，这一点是室内其他布艺陈设所缺少的；窗帘帷幔的面积比较大，常对室内整体色调和质感起决定性作用，并影响着室内布艺陈设系统的整体色彩效果；窗帘帷幔能通过选择不同的材质，在空间的垂直方向，产生虚虚实实的分隔效果，从而促使室内整体陈设系统整合后所能达到的效果更趋完善。（图 3.1.5）

在设计与选择窗帘帷幔时应特别注意光源与窗帘帷幔间的和谐，应考虑其在不同光源下的演色性，以及不同质地织物对光源的透射控制力；还需配用相应的辅料和增加空间情趣的配饰、配件，包括帘杆、挂钩、帐圈、饰带、饰纽、流苏、闪片、珠饰等。（图 3.1.6）

图 3.1.5　帘幔的虚实分隔效果（左）

图 3.1.6　帘幔配饰增加空间情趣（右）

（四）家具蒙罩类

家具蒙罩类布艺以沙发罩、椅罩、桌旗、台布、桌垫、灯罩、床罩、被罩、床单、枕套等为主要代表。家具蒙罩类布艺一方面能保护家具、避免污损，增加使用者的舒适度；另一方面蒙罩类布艺在整体布艺陈设系统中较为分散，涉及室内空间的各个角落，因此蒙罩类布艺对于调节室内陈设的整体效果、整体空间色彩及活跃氛围的装饰点缀有重要作用（图3.1.7）。此外，家具蒙罩类布艺陈设能为室内空间带来便利快速的装饰效果，使用者可根据季节变化、节庆更替、室内环境要求经常对其进行更替，从而很快地改变原有空间的形象和风格，满足现代人动态求新的生活需求。

在设计与选择家具蒙罩类织物时应注意在材质上，除床上用品外最好选用混纺或交织面料；注意家具蒙罩类布艺配饰、配件的设计与选择，包括饰带、饰纽、流苏、花边、闪片、珠饰、贝壳等（图3.1.8），它们与布艺的精致组合能为室内空间提供温柔细腻的装饰语言，加强空间风格氛围，增加使用者对该室内空间的美好印象。

（五）布艺装饰品类

布艺装饰品可分为两大类：第一类为壁面形态，以布艺墙饰、壁挂为主；第二类为立体形态的软雕塑，其具有独特的材质肌理、色彩感、雕塑感和悬重性，既能表现出其作为艺术品本身独特的形态特征和艺术个性，又能作为陈设品，为室内空间提供与众不同的表情。比如：一件华美的和服，一条精工细作的苗绣筒裙，装裱于墙壁即成为精致的织物陈设，取下后其作为服装的功能依然存在。这种类型的织物装饰品能为人们带来时间与空间的错换感，从而使得室内空间的美感内涵悠远、意味深长。（图3.1.9）

（六）小型布艺陈设类

小型布艺陈设类以靠垫、置物盒、信插、各种筒套、各种巾类、小型布艺挂件、摆件等为主要代表，酒店常见的还有餐巾、筷套、牙签套、毛巾、浴巾等，能使整体环境美观、协调，使人产生愉快、舒畅、亲切的感受，并完善室内空间具体的使用功能。在室内布艺陈设系统中，小型织物所占面积最小，在室内空间中呈点状出现，它在色彩、质感、功能等方面

图 3.1.7　家具蒙罩类布艺（左）

图 3.1.8　蒙罩类布艺配饰的设计与选择（右）

图 3.1.9　布艺织物艺术品（左）

图 3.1.10　布艺立体绣品陈设（右）

是整体布艺系统的有效补充。

其中靠垫面积小，摆放灵活，可以做成花朵、动物等有趣的造型，也可以缝缀花边、闪片、贝壳等装饰物来丰富其美感，增添室内空间的趣味；或平面或立体的绣品、手工印染品、编织物、布贴画、民间手工织物等小型布艺陈设，可选用现代硬质装饰材料将其装裱或装衬起来，形成一种既有质感对比又有时空对比的美感，使其意蕴耐人寻味，为整体室内空间起到锦上添花的作用（图 3.1.10）；以各种巾类、浴鞋、踏脚垫、马桶套等为代表的小型布艺陈设与人体接触极为密切，因此舒适感是这类纺织品的最大特点，无论是材质上还是造型上都应给使用者一种温暖、舒适、放松的心理感受；用纺织品做成的生活杂品，如布质杂物兜、信插、杯垫、壶套、草编织物等，增加室内空间的趣味和实用性，并形成独特的艺术风格，成为一种现代生活的时尚。

三、布艺陈设的配套设计模式

在室内空间中，布艺陈设外在表现形式可以细分为图案、色彩、款式和材质，每种形式对室内空间的影响各不相同。从宏观上看室内布艺陈设不仅占有实在的空间，并能与其空间内含物组合造型，纺织品依附于形体，形体占据着空间，空间影响着整体，构成室内环境总和。室内布艺陈设的配套设计可以具体从以下几个方面来考虑。

（一）图案模式

图案模式就是"图案配套"，即室内布艺与整体空间中的其他陈设、不同种类的布艺系统内部，使用相同或相似的图案及造型，将室内布艺的图案构成形式和主题内容与室内装饰效果紧密结合，起到相互呼应相互协调的作用。

在布艺系统内部可以贯穿使用同一图案母题，但用不同的色彩来搭配，用不同的组合方式以及不同工艺来表达。比如，使用热带植物为室内布艺陈设的图案设计母题（图 3.1.11），采用纺织、印染、刺绣等不同工艺，

并使用不同的图案组合方式，将该母题使用在窗帘、床上用品、巾类、靠垫等布艺上。室内布艺陈设的图案也可以选择与家具陈设和硬装饰等室内内含物同样的母题，在统一中求变化。

布艺图案对室内空间设计具有以下影响：

第一，布艺花纹的大小对空间视觉的影响。小图案类型具有收缩作用，能够让空间显得更宽敞；大图案功效相反，其中圆形图案的扩大效果最显著，如果同时使用的是暖色，则更明显，能够令空间显得更丰满。

第二，布艺图案的边缘形态对居室动静的影响。例如，布艺中的图案边缘为流动的曲线形，就会比直线显得具有动感，令居室环境显得具有活力。

第三，图案的形态聚合分离对室内配色的影响。与形态复杂的颜色对比，形态简单的颜色对比效果会增强（图 3.1.12）；但复杂的形态搭配复杂的颜色，由于补偿的特征，则空间色彩对比效果降低，且配色会显得相对杂乱。

（二）色彩模式

对布艺进行色彩选择时，要结合室内空间和家具的整体色彩，先确定一个主色调，使居室整体的色彩、美感协调一致（图 3.1.13）。恰到好处的布艺装饰能为室内增色，若没有原则地堆积则会适得其反。

1. 色彩配套的原则

室内布艺的色彩配套不能局限于布艺系统内部，更关键的是要与室内内含物的色彩相配套。色彩配套的原则可细分为色彩基调配套、同类色配套和对比色配套。

2. 布艺色彩对空间氛围的调和作用

第一，主导色调和。设计者掌控整个空间风格、气氛的主题色彩。相同色系的壁布、窗帘、地毯、床品、家具等布艺装饰能够完全满足对空间装饰的主题色彩的强调与塑造，对空间的

图 3.1.11　使用热带植物为布艺图案母题（左）

图 3.1.12　简单的图案强化色彩对比效果（右）

图 3.1.13　色彩模式

韵律掌握、气氛渲染亦具有积极作用。

第二，陪衬色调和。设计者对室内主导色进行衬托、搭配，在布艺装饰的运用中可以大胆选择一些"撞色"搭配。如果家具色调比较浓重，就可以选择色彩明亮的小面积地毯或窗帘打破沉闷气氛。

第三，点缀色调和。点缀色具有画龙点睛的作用，面积不大却极为出彩。比如在墙布、窗帘和地毯处于一种和谐统一色彩的情况下，小面积的摆件、抱枕颜色能够形成明快和对比性较强的色彩，给人一种眼前一亮的感觉。但是点缀色在使用的过程中不能过多，一两处运用就可以起到惊艳效果。

（三）款式模式

在室内空间中，布艺陈设的图案和色彩不同的情况下，若使用同样的款式造型，也能使织物系统产生统一感。这种款式配套设计并不只针对布艺系统本身，不同地域、民族、国别的设计风格在室内布艺款式上的体现也各不相同，若要在室内空间中营造某种特定风格，那么其室内布艺陈设款式造型上的配套设计就显得很重要。（图 3.1.14）

（四）质感模式

材质是室内布艺陈设色彩、图案和款式的载体，同类材质制作的室内布艺陈设在视觉与触觉上拥有高度的统一性。现代室内空间在进行相应的室内布艺陈设设计时，从空间的主题、功能和其他陈设品的材质着手，选择适当质感的织物进行配套设计是不可逾越的重要过程。

第一，不同材质的布艺具有的外观表现也有所差别，可产生或细腻光洁、或粗犷厚实、或平整素雅、或色光闪烁等表面外观效应。

第二，根据空间氛围选用相应的布艺材质。比如，纯棉与亚麻的质感能表达返璞归真的自然风格，真丝和锦缎能传达不可侵犯的高贵与华丽，厚实的毛呢与丝绒能渲染凝重、神秘的气息。（图 3.1.15）

第三，布艺材质的搭配选用需要统一的主题或具有相同风情。不同材质具有某个相同时期的特色或风格才能协调搭配在一起，又体现丰富多样的变化。例如：在体现大气氛围的空间中可以汇集天鹅绒、花缎、锦缎、

图 3.1.14　款式模式（左）
图 3.1.15　质感模式 – 丝绒质感（右）

透明轻纱、波纹丝绸和其他同风格的不同面料；法国乡村风情的居室可以搭配使用帷帐、印花布、斜纹软呢和人字花呢或碎花墙布。

第四，选择布艺材质应考虑使用功能和后期维护。例如：装饰大厅可以选择华丽优美的面料，装饰客房就要选择流畅柔和的面料，用于窗帘和隔断的面料其悬垂性应较好，作为床品的面料则要柔软平挺但不易扯动变形，装饰餐厅则选择结实易洗的面料。

（五）光感模式

单就同一种纺织品来说，不同的光源就会产生不同、有时甚至是截然相反的效果。设计时应考虑到室内织物陈设在不同光源照射下的演色性，这些不同效应的光环境直接或间接地影响着室内布艺陈设的最终效果。（图 3.1.16）

在自然光方面，不同纹理、色彩与质地结构的窗帘，在遮挡阳光时会产生不同的光透效果，直接对室内环境发生影响；在人工照明方面，室内布艺陈设在设计时与照明手法和光源特性相配套选择适当的布艺色彩、质感和肌理，并

图 3.1.16　光感模式

需充分考虑到室内布艺在该光环境下色泽与形态的变化，使室内环境的意境得到充分表达。

四、酒店布艺设计原则和要点

（一）酒店布艺设计原则

酒店布艺设计要遵循以下原则。

第一，强调与室内整体设计风格的协调性。同时可以通过布艺的色彩、面料和图案形成一定的对比效果，以达到突出视觉中心、丰富视觉效果的作用。（图 3.1.17）

在室内的整体布置上，布饰也要与其他装饰做到呼应和协调。其色彩、款式、意蕴等表现形式，要与室内装饰格调相统一或形成对比。色彩浓重、花纹繁复的布饰表现力强，适合具有豪华风格的空间；浅色的、具有鲜艳彩度或简洁图案的布饰，能衬托出空间的现代感。在整体格调和样式基本一致的前提下，应尽量发掘出对比的元素，如色彩的对比、面料质感的对比、花纹图案的对比等，通过小范围的对比活跃空间，增添空间的情趣和艺术魅力。

第二，充分利用布艺制品调节空间的视觉效果。（图 3.1.18）

图 3.1.17　布艺与装饰风格呼
应（左）

图 3.1.18　布艺调节空间视觉
效果（右）

使用花色较大、较多及颜色较深的布艺，可以使室内空间更加紧凑，具有收紧空间的作用；反之，如果使用花色较小、较少及颜色较浅的布艺，则可以使室内空间更加舒展、开阔，具有扩展空间的作用。

此外，室内布艺的图案对调节室内空间的高度也有作用。例如：竖向条纹的布艺制品可以使室内空间看上去更高一些，而横向条纹的布艺制品则可以使室内空间看上去更宽一些。

布艺颜色可调节室内温度视觉效果。例如：在炎热的夏季选用蓝色、绿色等凉爽的冷色,使室内空间的温度感降低；而在寒冷的冬季选用黄色、红色或橙色等暖色，使室内空间的温度感提高。再如在 KTV、舞厅等娱乐空间设计中，可以利用色彩艳丽的布艺软包制品，达到炫目的视觉效果，还可以有效地调节音质。

室内布艺搭配时还要注意呼应关系，即室内的布艺在天、地、墙三个面的色彩、图案、肌理等应该具有一定的联系和呼应，这样可以形成"你中有我、我中有你"的协调关系，使室内布艺看上去更加具有整体感。

第三，尺度要合理，与室内空间相协调。（图 3.1.19）

对于像窗帘、帷幔、壁挂等悬挂的布饰，其面积的大小、纵横尺寸、色彩、图案、款式等，要与室内的空间、立面尺度相匹配。例如：较大的窗户，应以宽出窗口、长度接近地面或落地的窗帘来搭配；地毯、台布、床罩等,应与室内空间的地面、家具的尺寸相和谐，要维护地面和床体的稳重感。

图 3.1.19　布艺尺度合理

第四，运用室内布艺体现文化内涵，展现室内空间的精神品质。

室内布艺搭配时还应注意体现文化底蕴，如许多中式风格的酒店陈设设计常用中国民间的大红花布或蓝印花布来装饰室内空间，使室内空间展现出浓郁的地方特色。（图 3.1.20）

（二）酒店布艺设计要点

布艺织物在酒店的设计中覆盖面积较大，对

烘托内部空间氛围与意境有着重要作用，已经渗透到酒店的各个方面。对于布艺色彩和图案的选择，不同类型的酒店应有所区别，才能体现出差异化特征。

第一，商务酒店的布艺设计。商务酒店以接待从事商务活动的客人为主，大堂的织物多以点缀性元素出现，应选择能营造大气、庄重氛围的高档织物；公共区域包括餐厅、运动室、棋牌室等，布艺织物应耐用、易清洗；而对于客房这类私人空间，布艺则应选择典雅、舒适的日常棉麻织物，且款式一般不会过于复杂。（图 3.1.21）

第二，度假酒店的布艺设计。这类酒店强调休闲、舒适性（图 3.1.22），一般在酒店大厅会设有阅读区或酒吧区，这类区域可以根据酒店的风格主题进行设计。另外，度假酒店还会设置水疗 SPA 理疗馆等养生区域，这类区域的布艺则可以大量使用纱幔、帷幔等，营造浪漫氛围。

第三，主题酒店的布艺设计。主题酒店是以某特定的主题来体现酒店的建筑风格、装饰艺术以及特定的文化氛围，织物装饰图案一般和其主题相吻合，可以起到传承与延续的作用。布艺色彩在进行设计时应考虑主题酒店内家具与墙面的色彩关系，通常织物色彩与墙壁色彩以调和色为主，有利于相互融合、协调统一。（图 3.1.23）

图 3.1.20　中式布艺体现文化内涵（左）

图 3.1.21　商务酒店布艺设计（右）

图 3.1.22　度假酒店布艺设计（左）

图 3.1.23　主题酒店布艺设计（右）

第四，连锁酒店的布艺设计。连锁酒店较为常见，这类酒店的布艺织物无论色彩还是图案一般均比较简洁、利落，但有一定的复制性，即在全国各省市的装饰风格大体一致，带有明显的符号特征。

【思考练习】

　　1. 详述室内布艺设计的作用。

　　2. 在设计与选择窗帘帷幔时应当注意的事项有哪些？

　　3. 设计与选择家具蒙罩类织物时应注意什么？

　　4. 酒店布艺搭配的模式有哪些？

　　5. 简述酒店布艺设计原则。

【设计实践3.1】

　　酒店客房布艺设计。

第二节　餐具

【学习目标】

　　1. 了解餐具的分类；

　　2. 了解中西式餐具的摆设；

　　3. 掌握餐具的选择应用。

精致的生活要落实到每一个细节。所谓的品位，更是要见之于细微之处。餐具是酒店中除了床以外与客人最亲密的陈设品，客人几乎天天要与它为伍，或饕餮，或细嚼慢咽。物质生活虽然终究逃不过一个"吃"字，但是那桌上的餐具却可时时更换。

餐具是指就餐时所使用的器皿和用具。讲究的餐具搭配能够从细节上体现高雅品位，或素雅，或高贵，或简洁，或繁复，不同颜色及图案的餐具搭配，能够体现出不同的饮食意境。餐具的风格要与餐厅的整体设计风格相协调，更要衬托客人的身份、地位、审美品位和生活习惯。一套形式美观且工艺考究的餐具，可以调节人们进餐时的心情，使人增加食欲。

一、餐具的分类

餐具大致分为瓷器、玻璃器皿和刀叉匙三大类，它们是生活上的必需品，亦在一定程度上体现饮食文化。餐具主要分为中式和西式两大类，中式餐具包括碗、碟、盘、勺、筷、匙、杯等（图3.2.1），材料以陶瓷、金属和木质为主；西式餐具包括刀、叉、匙、盘、碟、杯、餐巾、烛台等，材料以铜、金、银、陶瓷为主。

（一）瓷器餐具

瓷器是以黏土高温烧制而成的，非常细致，且坚硬耐用，表面富有光泽。中国的陶瓷师傅早在 9 世纪已开始制作瓷器。瓷器餐具分杯、碗、盘、壶、其他摆设等。选择瓷器餐具时，应该考虑餐厅风格档次、室内布置、食物种类等。

正规的中式餐具均为瓷质品。中式餐具包括筷子、勺子、品锅（带盖）、盘子、碗、汤盅、牙签筒、烟灰缸。其中盘子包括 12 寸鱼盘、10 寸盘、8 寸深盘、8 寸浅盘、小味碟，碗可分为 6 寸面碗和 4.5 寸饭碗，勺子分为大勺和小勺。（图 3.2.2）

西式餐具包括底盘、正餐盘、色拉盘、汤碗、面包盘、甜点盘、咖啡杯（带小垫盘）。另外还会有共享的大餐盘和汤碗。底盘会自始至终放在客人面前，色拉、正餐、甜点、汤品都会放置在底盘上，而不是直接放在桌布上，同一个底盘会一直陪伴客人至用餐结束，这是为了让客人从视觉和感情上都能把整个就餐过程连贯起来。餐盘虽然有不同的设计，但形状基本是圆形、方形、椭圆形或者八边形等。（图 3.2.3）

图 3.2.1　中式餐具

瓷器餐具的图案大致可以分为三类：传统、经典和现代。传统设计为人所熟知及爱戴，它的装饰效果跟墙上的装饰碟一样理想；经典设计的图案不易过时，因为其简洁风格恒久流行，而且不会跟室内布置或食物形成不协调的效果；现代设计则反映当代最新的潮流，要么采用简约线条，要么采用当下最流行的图案做装饰。

（二）玻璃器皿餐具

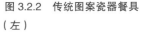

玻璃器皿餐具主要指的是西式酒具（图 3.2.4），包括各式酒杯、醒酒器、冰桶、糖盅、奶罐、水果沙拉碗等。玻璃器皿可打造为许多不同的形状和

图 3.2.2　传统图案瓷器餐具（左）

图 3.2.3　西式餐具（右）

图 3.2.4　玻璃器皿（左）
图 3.2.5　西餐刀叉匙（右）

图案，可根据家具风格、餐具款式进行选择。

（三）金属类餐具

常见的金属类餐具包括刀、叉、匙等，材质主要分为不锈钢、镀银、镀金等。西餐对刀叉的要求同样非常讲究，多以 18、19 世纪银匠传统的设计为工艺依据，结合现代设计的平实、简单、富有现代感的形状制作，整体造型典雅，图案优美。

西式餐具极富装饰作用。刀分为餐刀、鱼刀、肉刀（刀口有锯齿，用以切牛排、猪排等）、黄油刀和水果刀；叉分为食用叉、鱼叉、肉叉和虾叉；匙有汤匙、甜食匙、茶匙。公用刀、叉、匙的规格明显大于餐用刀叉。正式西式料理的套餐中，常依不同料理的特点而配合使用各种不同形状的刀叉，并不是全部摆出来。（图 3.2.5）

刀、叉、匙的选择要配合餐厅的风格和瓷器的餐具。例如：精巧的乔治王朝风格的银碟，较难与田园风味的瓷器相配；咖啡馆的刀、叉，难以跟椭圆形的红木桌和传统的瓷器碗碟相配。

二、餐具的摆设

中、西餐在餐桌的摆设上具有非常大的区别，一般中餐桌以圆台面为主，而人们比较习惯的西餐桌一般为长方台。当然如今在多元化设计的推动下，不管是中餐还是西餐，都可以使用圆台或长方台，有时候甚至可以使用四人小方台。决定布置中餐还是西餐，有时候取决于餐厅的装饰风格及需要表达的文化内涵。

图 3.2.6　中餐宴会摆台

（一）中餐宴会摆台

餐具摆放的标准：餐具摆放要相对集中；各种餐具、酒具要配套齐全，距离相等；图案、花纹要对正，整齐划一，符合规范标准。（图 3.2.6）

大型宴会的 10 人座位的台面所需餐具、酒具用品共 104 件。

餐具摆放的顺序和规则具体如下。

1. 摆骨碟：骨碟边距桌边 1cm。

2. 摆勺垫、瓷勺：勺垫摆在骨碟的正前方，瓷勺摆在勺垫的中央，瓷勺柄朝右，勺垫距离骨碟边 1cm。

3. 摆酒具：葡萄酒杯应正对骨碟中心，葡萄酒杯底边距勺垫 1cm；白酒杯摆在葡萄酒杯的右侧，两杯口距离 1cm。

4. 摆筷架和筷子：筷架应放在骨碟的右侧，距离为 1cm，将带筷套的筷子放在筷架 1/3 处，筷套的图案及文字要朝上对正。筷子末端距离桌边1cm。

5. 摆公用碟、公用勺、公用筷：公用碟应放置在正副主人席位的正前方，碟边距葡萄酒杯底托 2cm，碟内分别横放公用勺和公用筷，筷子放在靠桌心一侧，勺放在靠近客人一侧，勺柄朝左，筷柄朝右，呈对称形。公用勺和公用筷之间距离 1cm，筷柄出餐碟部分两侧相等。

6. 摆牙签筒：应摆在公用碟的右侧，不出筷柄末端，不出公用碟的外切线。

7. 摆餐巾花：将叠好的餐巾花插在杯中，摆在葡萄酒杯的左侧，三套杯应横向成一条直线，水杯的杯口距离葡萄酒杯杯口 1cm。

8. 摆烟灰缸：从第一主人席位右侧开始，每隔两个座位摆放一个，烟灰缸前端应在水杯的外切线上。烟灰缸一般有三个架烟孔，其中一个架烟孔朝向桌心，另外两个朝向两侧的客人。

（二）西餐宴会摆台

餐具摆放的标准：展示盘或叠好的餐巾摆放于餐位正中，左叉右刀，刀刃向左，先外后内，餐具左右及各种餐具间横竖要成一条线，餐具与菜肴相配，餐巾折叠造型大方，餐台装饰悦目。摆台分为五步：一餐盘、二餐具、三酒水杯、四调料、五艺术摆放。（图 3.2.7）

餐具摆放的顺序和规则具体如下。

1. 摆放展示盘：从主人位开始顺时针方向用右手在每个座位正中摆放展示盘，盘边距餐台边 1cm。注意盘的图案、店徽要摆正，盘与盘之间的距离要相等。

2. 摆面包盘、黄油碟：展示盘左侧 10cm 处摆面包盘。面包盘与展示盘的中心在一条线上。黄油碟摆在面包盘的右前方，距面包盘 1.5cm 处。

3. 摆放甜点叉、勺：在餐盘正前方 1cm 处摆甜点叉、勺，叉齿向右，叉把向左，勺平放于叉的上方，勺把朝右。

4. 摆主刀、叉：从展示盘的右侧顺序摆放，主刀放于餐盘右侧，鱼刀、汤勺、头盘刀依次摆放，

图 3.2.7　西餐宴会摆台

间距 0.5cm，鱼刀刀柄下端距餐台边 6cm，其余刀柄下端距餐台边 1cm，刀刃朝向左侧。主叉位于餐盘左侧，鱼叉、头叉（开胃叉）依次摆放，除鱼叉叉柄下端距餐台边 5cm 外，其余叉柄下端距餐台边 1cm。在面包盘中线靠右边处摆放黄油刀，刀刃朝向面包盘的盘心。

5. 摆放水杯、红葡萄酒杯、白葡萄酒杯：水杯放置在主刀上方 2cm 处；红葡萄酒杯放于水杯右下 45° 角处，距水杯 1cm；白葡萄酒杯放于红葡萄酒杯右下 45° 角处，距红葡萄酒杯 1cm。

6. 摆放餐巾花：将叠好的盘花放在餐盘正中，注意把不同高度的餐巾花搭配摆放。

7. 摆放花瓶、烛台、盐瓶、胡椒瓶等用具：花瓶位于餐台正中，且只能插放 1 枝或 3 枝花；烛台只能在晚餐时使用，摆放时注意烛台的清洁程度，摆放于中股缝距花瓶 10cm 处；盐瓶、胡椒瓶、牙签筒按四件一套摆放在餐台中心线上，盐瓶在左，胡椒瓶在右，且与主位相对；烟灰缸从主人位右侧摆放，每两人摆放一个，并置于中股缝距烛台 10cm 处。

根据客人所用菜肴、酒水，及时摆放相应的餐具、酒具及用具。西餐餐前摆台一般摆常规台，即只摆主刀叉、面包盘、面包刀、盐瓶、胡椒瓶等用具。当客人订菜后服务人员要根据客人所用菜肴、酒水摆放相应的餐具、酒具及用具。

三、餐具的选择应用

中国烹饪历来讲究美食美器。一道精美的菜品，如能盛放在与之相得益彰的盛器中，更能展现菜品的色、香、味、形、意。另外，餐具本身也是工艺品，具备欣赏价值，如选用得当，不但能起到衬托菜品的作用，还能使宾客得到视觉艺术上的享受。当今餐饮行业竞争激烈，酒店的经营者与厨师除了在菜品的品种上翻新改良，在菜品的质量上更注重色、香、味、形外，在餐具的运用上也同样是绞尽脑汁，求新求变。前几年酒店里用的餐具基本都是白瓷盆，最多是加上象形盆以示新意。如今酒店使用的餐具有仿日式的异形盆，有乡土气息的陶制品和竹木藤器，有异国情调的金属、玻璃餐具等，只要能盛装菜品而不影响食品卫生的各种材质、各种造型的餐具都用上了，可见烹饪餐具的使用与发展已到了一个百花齐放的崭新时代。一般来说，餐具的选择可以从以下几个方面来进行。

（一）餐具大小的选择

餐具大小的选择是根据菜品题材的要求、原料的大小和食用人数的多少来决定的。餐具大的可在 50cm（20 英寸）以上，冷餐会用的镜面盆甚至超过了 80cm；盛器小的只有 5cm（2 英寸）左右，如调味碟等。

要想表现一个题材较大、内容较丰富的菜品，如以山水风景造型的花

色冷盆"瘦西湖风景"和工艺热菜"双龙戏珠"，
只有用大的餐具才有足够的空间将扬州瘦西湖
的五亭桥白塔等风光充分地展现出来，才能将
龙的威武腾飞的气势表达出来。大型原料，如
整只的烤鸭、烤乳猪、烤全羊等，还有澳洲龙
虾等大型水产品，也必须选用足够大的餐具才
能容纳它们，并配上加以点缀的辅料。在举办
大中型冷餐会和自助餐时，由于客人较多，又
是同时取食，为了保证食物的供应，也必须选
用大型的餐具。

图 3.2.8　就餐人数少使用小型餐具

较小的餐具，如烹饪展台上的蝴蝶花色小冷碟，只有 10cm 大小，但
里面用多种冷菜原料制成的蝴蝶栩栩如生。这充分体现了厨师高超的刀工
技术与精妙的艺术构思。此外，就餐人数少，食用的原料量也少，餐具自
然就应选用小型的了。（图 3.2.8）

在一般情况下，大象征气势与容量，小则体现了精致与灵巧。因此，
在选择餐具的大小时，尤其是在展示台和大型、高级的宴会上使用时，应
与想要表达的内涵相结合。

（二）餐具造型的选择

餐具的造型可分为几何形和象形两大类。几何形多为圆形和椭圆形，
是酒店日常使用得最多的餐具。方形、长方形和扇形，是近年来使用较多
的餐具。象形盛器可分为动物造型的、植物造型的、器物造型的和人物造
型的。动物造型的有鱼、虾、蟹和贝壳等水生动物造型的（图 3.2.9），也
有鸡、鸭、鹅、鸳鸯等禽类动物造型的，还有牛等兽类动物造型的和龟、
鳖等爬行动物造型的，亦有蝴蝶等昆虫造型的和龙、凤等吉祥动物造型的。
植物造型的有树叶、竹子、蔬菜、水果和花卉造型的。器物造型的有扇子、
篮子、坛子、建筑物造型的。人物造型的有福建名菜"佛跳墙"使用的
紫砂盛器，在盛器的盖子上塑了一个和尚的头像；还有民间传说中的"八
仙"的造型，如宜兴的紫砂八仙盅等。

餐具造型的主要功能首先是点明宴席与菜品的主题，以引起食用者的
联想，进而增进其食欲，从而达到渲染宴席气氛的目的。因此，在选择餐
具造型时，应根据菜品与宴席主题的要求来决定。如将糟熘鱼片盛放在造
型为鱼的象形盆里，鱼就是这道菜的主题，虽然鱼的形状看不出来了，但
鱼形餐具将此菜是以鱼为原料烹制的主题显示出来了。还有将蟹粉豆腐盛
放在蟹形盛器中，将虾制成的菜肴盛放在虾形餐具中，将蔬菜盛放在大白
菜形盛器中，将水果甜羹盛在苹果盅里，等等，都是利用餐具的造型来点
明菜品主题的典型例子，同时也能引发食用者的联想，提高食用者的品尝
兴致。（图 3.2.10）

图 3.2.9　动物造型的餐具（左）
图 3.2.10　莲子菜品使用荷叶型餐具（右）

其次，餐具本身的各种造型能起到美化菜品形象的作用。例如：将植物扒四宝盛放在蝴蝶形的餐具中，此菜就成了一道造型生动优美的工艺菜；同样，将植物扒四宝盛放在扇形餐具中，就比盛放在圆形或椭圆形餐具中在整体上要美观逼真得多。再如：将三文鱼刺身放在船形餐具中，将象形点心放在篮子造型的餐具中，等等，都是利用餐具来美化菜品的典型例子。

最后，餐具造型还能起到分割和集中的作用。想让一道菜肴给客人多种口感，就得选用多格的调味碟。如烤鸭，可在多格调味碟中放大葱、酱汁、黄瓜、椒盐等调料供客人选用（图 3.2.11）。将一道菜肴制成多种口味，而又不能让它们相互串味，则可选用分格型盛器。如将"太极鸳鸯虾仁"盛放在太极造型的双格盆里，这样既防止了串味，又美化了菜肴的造型。有时为了节省空间，则可选用组合型的餐具。如"双龙戏珠"组合型紫砂冷菜盆，这样使分散摆放的冷碟集中起来，既节省了空间，又美化了桌面。

图 3.2.11　分格型盛器

总之，菜品盛器造型的选择要根据菜品本身的原料特征、烹饪方法及菜品与宴席的主题等来决定。

（三）餐具材质的选择

餐具的材质种类繁多。有华贵亮丽的金器银器、古朴沉稳的铜器铁器、锃亮照人的不锈钢、制作精细的锡铝合金等金属，也有散发着乡土气息的竹木藤器；有粗拙豪放的石头和粗陶，也有精雕细琢的玉器和象牙；有精美的瓷器和古雅的漆器，也有晶莹剔透的玻璃和水晶；还有塑料、搪瓷、纸质等。

餐具的各种材质特征都具有一定的象征意义：金器银器象征荣华与富贵，象牙瓷器象征高雅与华丽，紫砂漆器象征古典与传统，玻璃水晶象征浪漫与温馨，铁器粗陶象征粗犷与豪放，竹木石器象征乡情与古朴，纸质与塑料象征廉价与方便，搪瓷、不锈钢象征清洁与卫生，等等。

　　如设计仿古宴席，除了要选用与那个年代相配的餐具外，还要讲究材质的选择。如"红楼宴"与"满汉全席"虽然时代背景都是在清朝，但前者是官府的家宴，而后者是宫廷宴席。"红楼宴"餐具（图 3.2.12）材质的选择相对要容易些，金器银器、高档瓷器、漆器陶器等，只要式样花纹等符合那个年代的即可使用；而"满汉全席"在餐具材质的选择上相对要严格些，餐具不论是真品还是仿制品，都必须符合当时皇宫规定的规格与式样。假如设计的是中国传统的宴席，如药膳，餐具可选用江苏宜兴的，因为紫砂陶器是中国特有的，这样能将药膳的地域文化的背景烘托出来；假如设计的是地方特色宴席，如佘山农家宴、太湖渔家宴、东北山珍宴等，则可选用竹木藤器、家用陶器、砂锅瓦罐等，以体现出当地的民俗文化，使宴席充满浓浓的乡土气息。

　　有时在选择餐具的材质时，还要考虑客人的身份、地位和兴趣爱好等。如客人需要讲排场又有一定的消费能力，可以选用金器银器，以显示他们的富有和气派；如客人是文化人，则可选用紫砂漆器、玉器或精致的瓷器，以体现他们的儒雅（图 3.2.13）；如是在情人节则可选用玻璃器皿，为情侣们增添一分浪漫的情调。

　　此外，餐具材质的选择还要结合酒店本身的市场定位与经济实力来决定。如定位于较高层次，则可选择金器银器和高档瓷器为主的餐具；如定位于中低层次，则可选择普通的陶、瓷器为主的餐具；如定位于特色风味，则要根据经营内容来选择与之相配的特色餐具；如经营烧烤风味的，可选用铸铁与石头制作的盛器；如经营傣家风味食品的，可选用以竹子制作的餐具等。（图 3.2.14）

　　总之，在选择餐具的材质时，必须结合宴席的主题与背景，选用与之相配的材质制作的餐具，才能取得良好的效果。无论选择哪种材质制成的餐具，都必须符合食品卫生的标准与要求。

图 3.2.12　"红楼宴"餐具（左）
图 3.2.13　精致的瓷器体现儒雅（右）

图 3.2.14　竹制餐具适合傣家
风味餐厅（左）

图 3.2.15　绿色蔬菜配白色餐
具（右）

（四）餐具其他方面的选择

餐具的选择还包括对颜色与花纹的选择和功能的选择等。餐具的颜色对菜品的影响也是很重要的。一道绿色蔬菜盛放在白色餐具中，给人一种碧绿鲜嫩的感觉（图 3.2.15）；如盛放在绿色的餐具中，感觉就差多了。一道金黄色的软炸鱼排或雪白的珍珠鱼米（搭配枸杞），如放在黑色的餐具中，在强烈的色彩对比烘托下，使人感觉到鱼排更色香诱人，鱼米更晶莹可爱，食欲也随之提高。有一些餐具饰有各色各样的花边与底纹，如运用得当也能起到烘托菜品的作用（图 3.2.16）。如中国烹饪代表团赴卢森堡参加第八届世界杯烹饪大赛时，选用了一套镶有景泰蓝花边的白色盛器，在这套高雅精致的中国民族风格的餐具衬托下，菜肴显得更加亮丽诱人，获得了良好的效果。

餐具功能的选择主要是根据宴会与菜品的要求来决定的。在大型宴会中为了保证热菜的质量，就要选择具有保温功能的盛器；有的菜品需要低温保鲜，则需选择能盛放冰块而不影响菜品盛放的餐具。在冬季为了提高客人的食用兴趣，还要选择便利安全的能边煮边吃的餐具。（图 3.2.17）

综上所述，在制作一道菜品和一桌酒席时，除了在菜品本身的制作上下功夫外，在为菜品和宴席选择餐具上，也必须根据菜品和宴席的主题及举办者与参加者的身份等，对餐具的大小、造型、材质、颜色、功能等作

图 3.2.16　高雅的中国民族风
格餐具（左）

图 3.2.17　边煮边吃的餐具（右）

精心的选择，才能使菜品的色、香、味、形、器、意充分地展现出来，才能受人欢迎、获得成功。

【思考练习】

　　1. 简述瓷器餐具的图案分类。

　　2. 西式餐具中刀、叉、匙各自细分有哪些？

　　3. 简述中、西餐宴会餐具摆放的顺序和规则。

　　4. 餐具造型的主要功能有哪些？

　　5. 思考餐具材质的象征意义。

【设计实践 3.2】

　　中餐餐具配置。

第三节　装饰品

【学习目标】

　　1. 了解装饰品的分类；

　　2. 了解装饰品的特性；

　　3. 掌握装饰品的陈设类型；

　　4. 熟悉装饰品的布局方式。

　　艺术品和工艺品是酒店常用的装饰品。艺术品包括绘画、书法、雕塑和摄影等，有极强的艺术欣赏价值和审美价值；工艺品既有欣赏性，也有实用性。

　　艺术品是酒店珍贵的陈设品，艺术感染力强。在艺术品的选择上要注意与酒店风格相协调。欧式古典风格酒店中应布置西方的绘画（油画、水彩画）和雕塑作品（图 3.3.1），简欧式装修风格的室内可以选择一些印象派油画，田园装修风格则可配花卉题材的油画；中式古典风格酒店中宜搭配中国风的画作（图 3.3.2），也可以选择用特殊材料制作的装饰画，如花泥画、剪纸画、木刻画和绳结画等，带有强烈的传统民俗色彩，和中式装修风格十分契合；偏现代的装修适合搭配印象派、抽象风格油画，后现代等前卫时尚的装修风格则特别适合搭配现代抽象题材的画品，也可选用个性十足的画品。

　　工艺品主要包括瓷器、竹编、草编、挂毯、木雕、石雕、盆景等，还有民间工艺品，如泥人、面人、剪纸、刺绣、织锦等（图 3.3.3）。除此之外，一些日常用品也能较好地实现装饰功能，如一些玻璃器具（图 3.3.4）和金属器具晶莹透明、绚丽闪烁，光泽性好，可以增加酒店华丽的气氛。

图 3.3.1 欧式古典风格室内装饰油画

图 3.3.2 中式风格酒店装饰中国画

图 3.3.3 竹编工艺品

图 3.3.4 玻璃装饰品

一、装饰品的分类

(一)画品

与一般绘画艺术品不同，画品泛指符合空间装饰需求及文化定位的平面装饰品，除油画、水墨画、版画等传统绘画之外，还包括摄影、当代印刷品等更多类型。画品侧重丰富酒店空间的装饰效果，是酒店陈设的重要"点睛"元素。画的图案和样式代表了酒店的风格，所以选什么并不重要，重要的是尽量和空间功能吻合。比如：前厅最好选择大气的画，图案最好是唯美风景、静物和人物，抽象的现代派也不错；客房等纯私密的空间就可以随意发挥了，但要注意不要选择风格太强烈的画品。

1. 中国画

中国画分为工笔画（重彩、淡彩）、写意画（大写意、小写意）（图 3.3.5）。中国画融入了中华民族的传统意识和审美情趣，充分体现了国人对自然、社会及与之联系的政治、哲学、宗教、

图 3.3.5 写意画

道德、文艺等方面的认识。中国画强调"外师造化，中得心源"，要求"意存笔先，画尽意在"，强调人景融合的目的。中国画的展示因空间的功能、大小、环境、人物身份、文化品格的不同而导致选择的中国画内容、表现方式、尺度和悬挂方法的不同，有手卷、中堂、扇面、册页、屏风（图3.3.6）等。作为陈设设计师要了解中国画的历史和种类，分清各个画种的特点，为此后的画品选择和搭配操作打下坚实的基础。

图 3.3.6　屏风（左）
图 3.3.7　中国书法（右）

2. 中国书法

书法（图3.3.7）是中国特有的传统艺术，运用传统文房用具——毛笔、墨、宣纸，用多变的线条表现丰富的变化。在浩瀚的世界文字艺术中，中国书法无疑艺术性最强。书法的字体分为篆书、隶书、楷书、行书和草书。常见书法的画幅形式有立轴、对幅、扇面、斗方、镜片等。

经过装裱的书画作品是装饰厅堂的佳品，悬挂书画应注意以下几方面。

第一，悬挂字画的位置应选择光线明亮、视野开阔、便于瞻视的墙壁，且与窗户成90°角；悬挂的高度一般以视觉转换点为参考，画面中心处于人站立时眼睛平衡线稍高一点的位置较好，但离地不宜超过2米。

第二，悬挂卷轴书画时要小心展挂，悬挂时要一手用画叉挑住画绳，另一手托住画卷慢慢展开。不可因展卷不当而打折，一旦打折则无法补救，因为纸张的纤维折断后，日久必从此处开裂。悬挂不可太久，字画长期悬挂易发生风化，使纸质发脆，让画面缺乏光泽，严重者托纸难揭，无法重裱，影响书画的寿命。因此书画悬挂一段时间要卷起存放一段时间，久存的书画也要时常进行展示或每年悬挂几次。

第三，冬天屋内有暖气或炉子，不宜悬挂字画；夏天阴雨连绵、湿气较重，也不宜悬挂字画。书画裱件的悬挂还应避免阳光直射、曝晒、烟熏、尘蚀；在清洁裱件时不能用刷子刷，更不能用湿毛巾擦，用软布或鸡毛掸轻轻掸去灰尘即可。凡是接触书画作品（特别是裱件），一定要戴上手套，以免汗液沾污作品使其变形生霉。

第四，尽量采用镜框的装裱方式来悬挂室内的中国字画，因为中国画用的宣纸和西方水彩纸比起来，更容易吸油烟、挂灰尘，镜框能很好地避免这些污染对画作的侵蚀。

3. 西洋油画

油画是以亚麻仁油、核桃油等调制天然色料及化学色料在经过处理的布料、木料等基材上创作完成的绘画类型，画面能长期保持光泽。油画的题材包括人物油画、静物油画、风景油画等类型。油画的表现类型分为写实油画、表现性油画、抽象油画。油画的装裱方式主要有无框和有框两种方式。酒店陈设设计中，各个风格的室内陈设几乎都可以用到油画作品，但是油画作品的选择具有很强的专业性，设计师应该从画作与室内装饰的色彩、风格是否搭配的角度去选择。（图3.3.8）

油画悬挂在大堂墙面、沙发后墙面、餐桌后墙面、过道墙面、楼梯墙面等地方。油画与其他画种相比，在陈列上有一定的局限性，首先，有一部分油画采用的是反光油料；其次，用厚涂法强调画面肌理的油画，因有起伏而容易积尘；最后，油画面对正面光时，效果往往较差。悬挂时可做以下几种有效的处理。

第一，不宜从正前方直接打光到油画画面，侧前上方的光源更有利于油画的观赏。

第二，悬挂油画的时候，画面应该略向下倾斜，以抬头时视线垂直于画面为宜。

第三，如非同组的油画，在悬挂时，不宜将两幅油画靠得太近。

第四，油画内容与陈列品，如果能从意境上有机统一，往往能达到出乎意料的效果。

第五，对于混搭风格的室内挂画，要根据室内陈设的颜色来确定挂画的色彩。

4. 水彩画

水彩画是以水为媒介剂，调和透明的天然色料或化学色料进行创作的。虽然耐久性不及油画，也无法像油画过多地进行罩染或厚涂，但可结合不同的笔触，达成水渍般的特殊痕迹，形成透明莹澈、自然流畅的效果。（图3.3.9）

图 3.3.8 油画与室内风格搭配（左）
图 3.3.9 水彩画（右）

5. 版画

版画是通过制版印刷技术而创作的，以金属器或化学药品等在木、石、铜、锌等版面上雕刻或蚀刻后通过油墨或水墨在特制纸材上印刷出来。版画按照使用材料可以分为木版画（图3.3.10）、铜版画、石版画和丝网版画等；按照颜色可以分为单色版画、黑白版画和套色版画等；按照制作方法可以分为凸版、凹版、孔版、平版和综合版等种类。

6. 摄影画

摄影画是通过使用机械摄影器材、数码摄影器材等专业的摄影工具对影像进行记录而创作的。作为一种新型"画品"，摄影作品具有更丰富的表现力。画面有"具象"和"抽象"两种形式，搭配的相框造型一般较为简洁，在尺寸、数量等方面有更加明显的优势。摄影画的应用较为普遍，可根据画面内容的不同而摆放在风格迥异的室内空间中。画框可华丽、可简单，也可不用画框或制作成一组，成为当代画品陈设的常见类型。（图3.3.11）

7. 现代装饰画品

装饰画的品种繁多、风格多样，在新材料、新技术、新创意的驱使下，现代艺术家们几乎可以利用所有物品和元素去创作装饰画。现代装饰画按照艺术门类大致可以分为印刷品装饰画、实物装裱装饰画（图3.3.12）、装置艺术装饰画、装饰壁画等。现代装饰画按照制作材质可以分为雕刻类（木雕、金属雕、竹根雕、玻璃成型、塑料成型等，见图3.3.13）、镶嵌类（贝壳镶嵌、玻璃片镶嵌、马赛克镶嵌、大理石片镶嵌等，见图3.3.14）、编织类（铁丝、竹片、各类植物藤条皮筋的编织以及各种纤维的编织，见图3.3.15）和粘贴类（羽毛画、布贴画、纸贴画、印刷品画等各种物质的粘贴）。

在装饰酒店的时候，用装饰画来布置一面墙壁既有艺术感又经济实用。需要注意的是，在悬挂多幅装饰画时需要有一个基本的准则，形成无序中的有序，以避免视觉上的凌乱感。

第一，对称式。将两幅装饰画左右或上下对称悬挂，便可以达到装饰效果（图3.3.16），适合

图 3.3.10　木版画

图 3.3.11　摄影画

图 3.3.12　实物装裱装饰画

图 3.3.13　雕刻类装饰画

面积较小的区域。需要注意的是，这种对称挂法适用于同一系列内容的图画。

第二，重复式。将三幅造型、尺寸相同的装饰画平行悬挂，面积相对较大的墙面可以采用重复挂法（图3.3.17）。需要注意的是，三幅装饰画的图案包括边框应尽量简约，浅色或是无框的款式更为适合；图画过大过复杂或边框过于夸张的款式均不适合这种挂法，容易显得累赘。

第三，水平线式。将相框尺寸不同、款式造型各异的装饰画排列在一起，但是无序地排列这些画看起来会感觉十分凌乱，可以以画框的上缘或者下缘为一条水平线进行排列，在这条线的上方或者下方组合大量画作。

第四，方框线式。在墙面上悬挂多幅装饰画还可以采用方框线挂法，这种挂法组合出的装饰墙看起来更加整齐。首先需要根据墙面的情况，在脑中勾勒出一个方框形，以此为界，在方框中填入画框，

图 3.3.14　镶嵌类装饰画

图 3.3.15　编织类装饰画

图 3.3.16　装饰画布置——对称式

图 3.3.17　装饰画布置——重复式

可以放四幅、八幅甚至更多幅装饰画，悬挂时要确保画框都放入了构想中的方框形中，于是尺寸各异的图画便形成一个规则的方形，这样装饰墙看起来既整洁又漂亮。

第五，建筑结构线式。如果室内的层高较高，可以沿着门框和柜子的走势悬挂装饰画，这样在装饰房间的同时，还可以柔和建筑空间中的硬线条。例如：以门和家具作为设计的参考线，悬挂画框或贴上装饰贴纸（图 3.3.18）；而在楼梯间，则可以楼梯坡度为参考线悬挂装饰画，将此处变成艺术走廊。

图 3.3.18　装饰画布置——建筑结构线式

（二）雕塑

雕塑是立体造型艺术的代表类型，集合了雕、刻、塑三种创作方法。雕塑是以各种可塑材料（如石膏、树脂、黏土等）或可雕、可刻的硬质材料（如木材、石头、金属、玉块、玛瑙、铝、玻璃钢、砂岩、铜等）创造具有一定空间的可视、可触的艺术形象，从而反映社会生活，表达艺术家的审美感受、审美情感和审美理想。

雕塑的分类：按材料分为木雕、石雕、铜雕、漆雕、根雕、陶瓷雕塑、石膏像等；按使用目的分为宗教雕塑、民间雕塑、架上雕塑、实用性雕塑，架上雕塑（图 3.3.19）作为室内陈设，题材没有过多限制，体量上较小，便于移动，运用较普遍；按艺术风格分为写实雕塑、表现性雕塑、抽象雕塑；按表现形式分为圆雕、浮雕（图 3.3.20）、镂雕（图 3.3.21）。

（三）工艺品

工艺品的陈设凸显个性、展现风格，使我们生活的环境更富韧性魅力。在随意摆放中，在有序无序间，或内敛，或释放，轻而无声地滑入主题空间，获取和追求某种内在的均衡和节奏，不经意间流露出一种生活态度、一种生活与心灵的契合。工艺品按照材质不同可分为玻璃工艺

图 3.3.19　架上雕塑

图 3.3.20　浮雕

图 3.3.21　镂雕

图 3.3.22　陶瓷工艺品（左）

图 3.3.23　金属工艺品（右）

品、水晶工艺品、陶瓷工艺品（图 3.3.22）、金属工艺品（图 3.3.23）等。

　　工艺品在室内的摆放是一种艺术，在室内放置几件工艺品就会产生生机和情趣。

　　第一，摆放工艺品要从室内的大布局出发，力求立体与背景统一，错落与布局协调，色彩与气氛一致，量感与质感均衡。如果摆放的是老家具，点缀的艺术品可选购造型古朴、色彩浓重的；现代家具可配饰有现代特色的工艺品。（图 3.3.24）

　　第二，工艺品的选择要从室内陈设的需要出发，要特别注意将其摆放在适宜的位置，只有摆放得当、恰到好处，才能拥有良好的装饰效果。例如：在起居室主体墙面上悬挂装饰物（图 3.3.25），常用的有兽骨、兽头、刀剑、老枪、绘画、条幅、古典服装或个人喜爱的收藏品等；在一些不引人注意的地方，如书架上除了书之外，陈列一些小的装饰品，如小雕塑、花瓶等饰物，看起来既严肃又活泼，从而丰富居室"表情"（图 3.3.26）；在书桌、案头也可摆放一些小艺术品、增加生活气息，但切忌过多，到处摆放的效果将适得其反。

图 3.3.24　工艺品的点缀与布局（左）

图 3.3.25　起居室主墙的主题工艺品（右）

　　第三，要注意工艺品与整个环境的质地对比、色彩关系。大理石板上

图 3.3.26　书架上陈设的工艺品

图 3.3.27　小工艺品色彩要鲜艳

图 3.3.28　深色家具搭配色彩鲜艳的工艺品

放小动物玩具,竹帘上装饰一件国画作品,更能突出工艺品的地位;小工艺品不如艳丽些(图 3.3.27),大工艺品要注意与环境色调的协调。

第四,应注意视觉感受。色彩鲜艳的,宜放在深色家具上(图 3.3.28);美丽的卵石、古雅的钱币可装在浅盆里,放置在低矮处,便于观其全貌;精品多,应隔几天换一次,收到常新之效果;可将小摆设集中于一个角落,布置成室内的趣味中心。

图 3.3.29　画盘打破矩形格子的单调感

第五,要注意艺术效果。大小、高低、疏密、色彩的搭配,布置有序的工艺品会有一种节奏感,就像音乐的旋律和节奏给人以享受一样。一些较大型的反映主题的工艺品,应放在较为突出的视觉中心位置,以收到鲜明的展示效果,使室内整个设计锦上添花;组合柜中,可有意放个画盘,以打破矩形格子的单调感(图 3.3.29);平直方整的茶几上,可放一个精美花瓶,丰富整体形象。

第六,工艺品还可通过摆放来掩盖室内设计的缺憾。比如一面墙壁看起来较空,可悬挂一组挂盘(图 3.3.30)或适宜的壁挂、壁毯等工艺品加以装饰。

二、装饰品的特性

(一)文化性

装饰品极具创意和浓郁的历史文化积淀,一方面营造

图 3.3.30　用挂盘装饰空墙

空间历史文化氛围，另一方面间接彰显酒店的艺术品位及档次。

（二）装饰性

精心设计及制作精良的装饰品可美化环境，愉悦观者的视觉感受。小型装饰品更是室内装饰不可缺少的点缀元素，陈设种类、布局方式多样，可营造出比家具、布艺等功能陈设更丰富的效果。

（三）意趣性

装饰品通过创作者的创意，彰显鲜明的个性及趣味性，丰富原本单调的生活。

三、装饰品的陈设类型

根据空间整体氛围，可把装饰品的陈设方式分为庄重型、简洁型、随意型和展示型。

（一）庄重型陈设

庄重型陈设多采用对称式构图或重复规则的摆放序列。装饰品摆放规矩齐整，不要过分随意。（图 3.3.31）

（二）简洁型陈设

有些空间内不宜摆放太多的装饰品，应选择造型简洁的装饰品，点缀空间气氛。（图 3.3.32）

（三）随意型陈设

随意型陈设适于以组合形式摆放于空间中，无固定的摆放模式，数量也没有限制，但并不意味着陈设手法毫无规矩可言。随意型陈设具有以下特点。

1. 尺度得当：装饰品之间形成一定的尺度对比，但需适度，不可过于悬殊。比例过于一致，显得生硬呆板；比例过于悬殊，则产生夸张、不稳定之感，使各个装饰品相互疏远。

2. 错落有致：装饰品之间的高度需参差错落，以形成生动、自然的节奏。尽量避免"对称式""重复式"或"队列式"的布局方式。"队列式"

图 3.3.31　酒店大堂装饰品的庄重型陈设（左）

图 3.3.32　客房装饰品的简洁型陈设（右）

指装饰品形成由大渐小或由小渐大的组合方式，易缺少参差感，导致陈设场景刻意、呆板。

3. 疏密合宜：除控制高度之外，装饰品之间的间距尽量不一致，可以比例较大的装饰物品为核心，其余物品与其形成亲疏关系。

4. 互为联系：使装饰品在造型、色彩或材质上具有一定的相似性，无论数量多寡，使组合效果呈现出一定的整体感。

（四）展示型陈设

装饰品作为空间主题元素，常陈设于较醒目的位置，具有一定的比例，以及鲜明的艺术性及装饰性。（图 3.3.33）

图 3.3.33　酒店公共区域的展示型陈设

四、装饰品的布局方式

（一）对称式

对称式是指两个对应区域的装饰品采用相同的造型、比例、色彩、材质以及数量。效果稳定、庄重，但易于僵硬、呆板。为此，可改变装饰品的朝向，或选择具有一定差异的装饰内容。

（二）均衡式

均衡式是指室内空间两个对应区域的装饰品数量、比例、造型、色彩以及材质明显不同，经过特殊选择与位置处理，依旧呈现出类似于对称式平衡的稳定感。（图 3.3.34）

（三）重复式

相同或类似的装饰品采用重复摆放的布局方式，形式、色彩、材质、比例较接近，旨在形成更加中正的秩序和效果。布局时，装饰品的间距一致，排列方式以"一"字形、方框形居多。（图 3.3.35）

（四）渐变式

渐变式以"重复式"为基础，又与单纯的"重复式"不同，装饰品的

图 3.3.34　装饰品的均衡式布局（左）

图 3.3.35　装饰品的重复式布局（右）

图 3.3.36　装饰品的渐变式布局

比例、色彩、形态、材质以规律的方式逐渐演进，有较明显的节奏感和序列感；为了形成渐变的微妙变化，要运用数量较多的装饰品。（图 3.3.36）

（五）焦点式

装饰品作为室内焦点，常处于室内居中、醒目的位置，在数量上相对较少。

【思考练习】

1. 中国画的展示方式有哪些？

2. 简述常见书法的画幅形式。

3. 悬挂书画有哪些注意事项？

4. 简述油画的悬挂技巧。

5. 现代装饰画按照艺术门类大致可以分为哪几类？

6. 简述装饰品的特性。

7. 例举装饰品的陈设类型。

8. 装饰品的布局方式有哪些？

【设计实践 3.3】

酒店大堂装饰品设计。

第四节　花艺

【学习目标】

1. 了解花艺的分类；

2. 掌握现代花艺的基本手法；

3. 掌握花艺陈设的原则。

花艺是指按照创作的主题或环境布置的要求，将剪切下来的植物器官（花、叶、茎、根、果等）作为素材，经过一定的技术处理（修剪、整枝、弯曲等）和艺术加工（构思、造型、配色等），配以合适的花器、几架、配件或架构等，重新形成一件精致完美、富有诗情画意、能再现自然美和生活美的花卉艺术品。

花艺设计不仅仅是单纯的各种花卉组合，而是一种传神、形色兼备、以情动人，融生活、艺术为一体的艺术创作活动。花艺设计包含了雕塑、绘画等造型艺术的所有基本特征。

酒店花艺是一个特定的概念，它不同于一般花店和展览的艺术插花。

酒店花艺设计，其构思和表现手法都受到酒店服务对象和摆设环境的制约，而且作品体现的是作者对特定的服务对象（宾客）的审美情趣认识、理解后的集中表达。酒店花艺设计是酒店陈设设计的一部分，它或美化环境，或点缀室内，都是直接为宾客提供一种立体视觉艺术享受的服务。它的最基本功能就是给客人一个良好的感受，使客人有宾至如归的感觉，传递酒店对客人的热情欢迎，营造温馨、舒适的住店环境。

一、花艺的分类

（一）按使用目的分类

1. 礼仪插花：用于各种庆典仪式、迎来送往、婚丧嫁娶、探亲访友等社交礼仪活动中的插花叫作礼仪插花。常用的形式有各种花篮、花环、花束、花圈、花钵、桌饰、新娘捧花、胸花、头饰花等。（图 3.4.1）

2. 艺术插花：用于美化、装饰环境和陈设在各种展览会上供艺术欣赏、活跃文化娱乐活动的插花叫艺术插花。艺术插花的形式有瓶插、盘插、篮插等。艺术插花在选材、构思、造型与布局等方面有较高的要求和独有的特点。（图 3.4.2）

（二）按艺术表现手法分类

1. 写实手法：写实手法是以现实具体的植物形态、自然景色、动物或其他物体的特征做原型进行艺术再现。用写实手法插花的形式有自然式、写景式、象形式三种。

2. 写意手法：写意手法是东方式插花所特有的手法。利用花材的谐音、品格或形态等各种属性，来表达某种意念、情趣或哲理，寓意于花，配以贴切的命名，使观赏者产生共鸣，随着作者进入一个特定的意境，耐人寻味。

图 3.4.1　礼仪插花（左）

图 3.4.2　艺术插花（右）

图 3.4.3　瓶花（左）

图 3.4.4　壁挂式插花（右）

3. 抽象手法：抽象手法是不以具体的事物为依据，也不受植物生长的自然规律约束，只把花材作为造型要素中的点、线、面和色彩因素来进行造型。

此外，还有按插花器皿分类有瓶花（图 3.4.3）、盘花、篮花、壁挂式插花（图 3.4.4）、敷花；按装饰部位分类有桌摆花、服饰花等；按花材性质分类有鲜花插花、干花插花和人造花插花。

二、花艺的风格

按照风格，插花可分为东方式插花和西方式插花两种。其中，东方式插花又有中国插花和日本插花之分。这些风格迥异的作品呈现的美感形式自然也有区别：古典西洋花艺非常注重色彩的应用和造型的表现；日本花道把形式美放在首位；中国人插花则喜欢玩味意趣。此外，还有现代花艺，它特别重视技巧和手法的应用。

（一）东方式插花

东方式插花是以中国和日本为代表的插花。与西方式插花的追求几何造型不同，东方式插花更重视线条与造型的灵动美感，崇尚自然，追求朴实秀雅。其构图布局高低错落、俯仰呼应、疏密聚散，作品清雅流畅。按植物生长的自然形态，有直立、倾斜和下垂等不同的插花形式。东方式插花的花型由三个主枝构成（图 3.4.5），因流派的不同称"主、客、使""天、地、人"或是"真、善、美"。虽然称号不同，却都表达了东方人的哲学思想。

东方的花艺花枝少，着重表现自然姿态美，多采用浅、淡色彩，以优雅见长。造型多运用青枝、绿叶来勾线衬托。形式上追求线条、构图的变化，以简洁清新为主，讲求浑然天成的视觉效果。用色朴素大方，一般只用两三种花色。色彩上多用对比色，特别是花色与容器的对比，

图 3.4.5　东方式插花的三主枝构图　　图 3.4.6　中国插花线条灵动　　图 3.4.7　日本花道

同时也采用协调色。

1. 中国插花之美

中国插花在风格上，强调自然的抒情、优美朴实的表现、淡雅明秀的色彩、简洁的造型，"自然"是中国插花最基本的特征。

第一，意态天然。中国古典插花讲求"参差不伦，意态天然"，不拘泥形式，自然活泼，不恪守规章法则，顺花材自然之势，追求花材的意韵姿态，达到"虽由人作，宛自天开"的艺术境界。

第二，线条灵动。灵动的线条是中国插花形式美感最核心的部分（图 3.4.6）。中国插花中最经典的线条是梅枝，枝干的构成之美与书法的美感很相似。

第三，意境深邃。以花拟人、以花比德是中国花文化的主要特点，人文之善是欣赏中国插花的重点。中国插花之美更多是美在内容，人格寄托于花格，不会言语的花就从自然之美，到了人文之善。

此外，通过中国插花作品陈设能感受到摆放在不同风格的桌子、几架、茶几、窗台等地方的插花艺术作品，与空间的门窗、屏风、字画等家具装饰，以及茶具、香炉等生活用品，在和谐的比例尺度下，共同营造出空间美感，插花是空间里万众瞩目的焦点。

2. 日本花道之美

插花在日本称为花道（图 3.4.7），依照不同的插花理念发展出相当多的插花流派，如松圆流、日新流、小原流、嵯峨流等。日本花道和中国插花一样追求非对称的美与和谐。受中国儒家的影响，日本花道界普遍认为插花的意义不在于装饰，而是在于与花草进行情感的交流。花道追求作品的禅意，展示了很多日本美学的概念。

第一，禅。花道的诞生与佛教息息相关，一些具有影响力的花道流派都与寺院保持着密切的关系。沉浸在花道之中的人，平静而集中，会忘记周围这个喧嚣的世界。

第二，佗寂。佗在日语中是闲寂的意思，是指简单中蕴含的美丽，表达了禅宗的超脱之意，表现了日本人"恬静和空寂"的审美意识，给人一种生命的启示，在"人与花一瞬间的相遇"中体现"一期一会"的意图，即珍惜每个瞬间的机缘。

第三，如花在原野。千利休在"利休七规"中指出"如花在原野"。在不显眼处运用技巧，来创作不引人注目而又具有极大存在感的花道作品，是日本花道艺术家追求的终极目标。

（二）西方式插花

西方式插花也称欧式插花，分为两大流派，即形式插花和非形式插花。形式插花即为传统插花，有格有局，强调花卉之排列和线条；非形式插花即为自由插花，崇尚自然，不讲形式，配合现代设计，强调色彩，适合于日常家居摆设。

图 3.4.8　西式插花造型工整

第一，色彩绚丽。花团锦簇、五彩缤纷、色彩明艳的西洋花艺带来喜庆热闹的感觉，令人不由自主地开心喜乐。绚丽的色彩成为西洋花艺最大的魅力。

第二，造型工整（图 3.4.8），秩序井然。西方人执着地喜欢对称的造型，因为古典美学的核心准则是和谐与匀称；平行设计是西方人追求线条、追求自然的产物，与中国人追求灵动的线条不一样的是，这些成组的直线呈现的是工整的秩序之美。

（三）东、西方插花艺术相融合——现代花艺

随着社会的发展，东、西方插花艺术在继承各自传统艺术的基础上，相互借鉴、融合，形成新的插花形式，即现代插花艺术。现代插花艺术在西方插花的基础上融合东方线条，增加作品的灵动感；在东方插花的基础上融合西方色彩和体积，增强东方插花的烘托效果。

现代花艺设计打破了东西方花艺传统的古板界限，花艺材料应用更加广泛，花艺设计手法更加多样，作品更富表现力和感染力。现代插花在造型上灵活多变，并无固定模式，以表现作者创意或环境需求为主，色彩丰富，选材广泛，普遍运用非植物性材料。

三、现代花艺的主要特点

（一）艺术融合

全球化深刻地改变了我们的生活方式，于是我们看到了色彩清新、线

条飘逸、造型变异、空间舒展的"西方花艺",同时也看到了粉墨重彩、浓妆艳抹、大红大绿的"中国插花",以及各种推陈出新、风格独特、我行我素的"现代花艺"。

全球化并未带来文化的一体化,相反,"民族的才是世界的"的呼声越来越强烈,经济的高速发展带来的是前所未有的民族自信,传统文化受到空前的关注。21世纪的花艺,在经历了20世纪"野兽派""抽象派"等艺术风格的深刻影响之后,很多西方花艺设计师把目光再次投向古老的东方,"线条""自然""留白"等元素或手法被越来越多的西方花艺师青睐。21世纪的新一代中国花艺家除了回到中国历史、回到本民族的艺术源泉中汲取营养之外,具有国际化视野和开放心态的他们也更加容易接受西方新的艺术风格与形式,现代花艺作品中的"祖国元素""家乡元素""民族元素"越来越多,更具地域特色和民族自信。(图3.4.9)

(二)材料创新

早期的"插花",审美的客体是"花",或者确切地说,是"花朵"。之后,由"花朵"拓展成植物的任何一个部位,如根、茎、叶、花、果、芽、树皮等。再后来,尤其是到了20世纪,花艺作品的材料突破了植物的范围,大量非植物材料的应用,如金属、玻璃、石头、贝壳、麻绳等,丰富了插花材料,拓宽了花艺表达的主题和应用范围。近年来,随着仿真花和干燥花技术的发展,出现的"永生花"给现代花艺设计、制作应用带来更多创新。(图3.4.10)

(三)手法创新

传统插花,主要通过"插作""摆放""拥绑"等方式来制作,花材的处理比较简单,如理枝、整叶、保鲜等。现代花艺吸纳了很多花艺行业以外的手法,制作技巧和技术层出不穷。例如,制作大型场景花艺作品,营

图3.4.9　中西艺术融合的现代花艺(左)

图3.4.10　现代花艺之材料创新(右)

图 3.4.11 现代花艺之手法创新

图 3.4.12 现代花艺之应用创新

图 3.4.13 现代花艺之主题创新

造立体的花空间，光靠传统插花手法根本无法实现。这时我们或许会用到建筑的结构力学，架构、焊接、绑扎等手段，以及切割机、电焊机等工具。材料和手法的创新，使花艺的应用范围大为拓展。（图 3.4.11）

（四）应用创新

插花艺术不仅仅局限于古人对花的怜赏和冥想，西洋花艺也不再仅仅为神权、为权力而做，现代花艺是大众的艺术，是一种生活方式。插花已经悄然融入现代人的生活，渗透到了生活的方方面面。插花成为最时尚的礼品，现代人体花饰为古老中国的"折枝花""秉花""簪花"注入新活力；商业空间、橱窗广告、公共空间、办公领域等地，花艺的应用似乎已成惯例；结婚、过生日等美好时刻，也都似乎离不开鲜花的陪伴；除了传统的庆典以外，花艺的跨界组合商业活动也越来越多，许多公司将插花当作一种企业文化培养方式。（图 3.4.12）

（五）主题创新

现代花艺作品表现的主题内容更加丰富多样，除了歌颂大自然的美妙神奇、倾诉作者的喜怒哀乐、赞美伟大的上帝以外，社会热点、宇宙空间、人间百态都可能成为花艺家创作的主题。很多现代花艺作品带有强烈的前卫性，喷金镀银，金属、光碟等异质材料被大胆应用，紧跟流行，作品新潮。（图 3.4.13）

四、现代花艺的基本手法

现代花艺基本手法和技巧的学习与应用是从简单的初级花艺设计，通往复杂优雅的高级花艺设计的必经之路。一位优秀的花艺设计师应有独特的视角、丰富的情感、敏锐的思维，善于捕捉生活中的灵感，运用适合的素材，配以娴熟的技巧，来创作引人共鸣的花艺作品。现代花艺手法较多，常用的有以下几种。

（一）组群

组群是指把同类花材分组分区使用，组与组之间留有空隙，如平行设计花型中就常见组群手法的应用。（图 3.4.14）

（二）群聚

群聚是指把同类花材聚集成簇，形成色块，花材之间不留空隙，如毕德迈尔设计。组群和群聚是现代花艺最有代表性的手法。（图 3.4.15）

（三）捆绑

捆绑是指把枝条或茎秆以一点或多点绑扎在一起，起固定花材或装饰的作用。它可以增加花材的分量感和力度感。在架构式作品中也常用捆绑法将花材或装饰品固定在架构上，起装饰作用的捆绑也称为绑饰。

（四）缠绕

缠绕是指将花材用各种线（如金属线、鱼线、布料、长条形叶片等）缠绕捆绑，以增加作品色彩及质感的变化和趣味性。缠较之绕更为紧密。（图 3.4.16）

（五）铺陈

铺陈来源于珠宝设计，就是平铺陈设，将每一种花材紧密相连，覆盖于某一特定区域表面，能加强作品色彩和质地的对比效果。

（六）重叠

顾名思义，重叠就是将材料一片一片地堆叠的一种手法，能产生迷人的肌理或质感效果。重叠的材料之间不留空隙。

图 3.4.14　现代花艺手法——组群

图 3.4.15　现代花艺手法——群聚

图 3.4.16　现代花艺手法——缠绕

（七）加框

加框是指利用花材线条来围合其他素材，能强化作品焦点。

（八）阶梯

阶梯是指将花材插出一层一层的阶梯层次感的手法，各层之间留有空隙。

（九）镶边

顾名思义，镶边就是在作品的外围用花、叶、藤等材料围一个边出来，犹如将作品镶嵌在中间。

（十）透视

用视觉上较轻的材料插在外层，不要太密，保证视线能穿透这一层，里面是花艺作品的主体，透视过去，产生一种朦胧、轻盈的感觉，能加强作品的空间感。（图 3.4.17）

（十一）架构

架构手法在现代花艺设计中应用广泛，这类作品一般体量大，空间感强，表达的内涵很丰富。

（十二）粘贴

把豆类、叶片或花瓣粘贴在一起，使原本单调的花艺作品表面产生不同的肌理，是在自然之中体现手工美的一种花艺设计手法（图 3.4.18）。一般鲜嫩的花材用冷胶，枝条和干燥花可用热胶。双面胶也常用于粘贴手法中。

（十三）卷曲

卷曲是指将具有一定韧性的材料进行弯卷曲折的一种手法。许多叶片和花瓣都可卷曲后使用，产生特别的效果。

（十四）编织

编织是指将柔软的可以弯折的材料以合适的角度进行交织组合，创造出特别的表面质感的一种表现手法。类似于传统的竹席或毛衣的编织。（图 3.4.19）

图 3.4.17 现代花艺手法——透视　　图 3.4.18 现代花艺手法——粘贴　　图 3.4.19 现代花艺手法——编织

（十五）穿刺

穿刺是指在插花作品制作过程中，将材料用细线或铁丝穿制、继合的手法（图 3.4.20）。如花瓣、叶片、纸片、豆类、珍珠、细弱的花枝等材料，均可用此项手法处理。最常见的形式是形成"串"的效果，起装饰作用，或作为连接技巧。

（十六）分解

分解是指将植物器官（叶、花、果、枝、根等）拆分开，或将某一器官拆分开，创造出新形态的造型素材，产生奇特效果的一种花艺设计手法。（图 3.4.21）

图 3.4.20　现代花艺手法——穿刺（左）

图 3.4.21　现代花艺手法——分解（右）

五、花艺的陈设原则

众多室内陈设元素中，花艺属于陈设类型较特殊的组成部分，具有"非人工装饰性"，自然生长的造型与色彩在一定程度上柔化了空间氛围，为空间注入自然气息。花艺可以作为主题元素运用，也可作为点缀元素运用（图 3.4.22）。其陈设原则如下。

（一）花艺的风格

陈设花艺时，风格尽量与环境风格保持一致。中式风格花艺陈设中，为了与整个中式空间风格相契合，处于核心位置的花艺采用自然式造型，以木本条植物作为主要花材，并搭配白色瓷器，凸显雅致之美，与整个空间相得益彰；美式乡村风格花艺陈设中，质朴舒适的氛围让人感到放松、自然，餐桌陈设作为就餐区的视觉中心，可烘托空间氛围，空间打破常用的花卉陈设，摆放常见食材，使空间尽显质朴之美。

（二）花艺的协调性

花艺色泽自然、千姿百态，是空间配饰的特殊元素，运用时应注意与其他元素相协调。花艺应与背景、家具以及摆件形成有效呼应，使空间

图 3.4.22 花艺作为点缀元素
（左）
图 3.4.23 花艺的协调性（右）

图 3.4.24 花艺的陈设位置

配饰效果更加一体化。此外，花果与绿植艳丽而夺目，与周围色彩及材料形成强烈的反差，凸显花品的装饰性，使其成为空间焦点。（图 3.4.23）

（三）花艺的陈设位置

花艺陈设的欣赏距离和欣赏角度处于最佳状态时可增强空间渲染作用，风格、功能、空间面积等因素均导致花艺陈设位置的不同。例如，传统日式花道作品，创作者插贮时以正面为基础，着重将花材最美的表情展示给观众；空间处理上，通过花材的前后关系及俯仰参差表现空间感。因此日式传统花道作品多数陈设于壁龛之内单面欣赏。现代花艺作品的欣赏角度更多，例如：双面观赏的作品，更适宜放在空间过渡位置，以区隔功能空间；三面观赏的作品适宜陈设在墙角，以填补空间空白（图 3.4.24）；花艺陈设于空间中央时，可供四面观赏，并作为室内核心。

另外，不同的欣赏视角可导致不同的花艺形式。需要平视欣赏的花艺多选择直立式或倾斜式；需要形成一定高度的仰视效果的花艺则选择垂吊式。

【思考练习】

1. 插花按插花器皿分类有哪些类型？列举在酒店的不同部位适合使用的器皿插花类型。

2. 插花的艺术表现手法有哪些？如何与酒店的风格相匹配？

3. 辨析中西方花艺的区别。

4. 什么是现代花艺？谈谈你对现代花艺中西、古今融合的理解。

5. 如何理解创新在现代花艺中的作用和地位？

6. 列举现代花艺的基本手法。

7. 现代花艺设计在手法上如何借鉴绘画艺术？

8. 简述花艺陈设的应用原则。

【设计实践 3.4】

酒店自助餐厅花艺设计。

第五节　植物

【学习目标】

1. 了解常用室内植物材料；

2. 掌握室内植物的陈设类型；

3. 了解植物与酒店空间的组织；

4. 掌握酒店室内植物的布局形式；

5. 掌握室内植物与酒店风格的搭配。

植物在改善自然生态环境中能起到改善气候、提高环境质量的作用，作为室内绿化设计的主要材料，绿色植物具有丰富的内涵和多种作用。它可以创造出特殊的意境和气氛，使室内变得生机勃勃、亲切温馨，给人以不同的美感。观叶植物青翠碧绿，使人感觉宁静娴雅；赏花植物绚丽多彩，使人感觉温暖热烈；观果植物逗人欢喜快慰，使人联想到大自然的野趣。

室内绿化近二三十年来世界上流行以原产于热带、亚热带的观叶植物为主，被称为室内观叶植物。由于这些植物大多原来生长在热带雨林下层，因此耐阴湿，不需很强的光线，很适宜室内陈设。经过不断地筛选、杂交和培育，形成了许多叶形奇特怪异、千姿百态、色彩绚丽、美丽动人的新品种。观叶植物现已成为世界各国室内绿化的主要植物，它与现代化建筑的内部装修、器物陈设结合更协调，更具现代感。由于大多采用无土培养，干净卫生无污染，特别适合在酒店使用。

一、常用室内植物材料

从植物的观赏特性及室内造景的角度，可把植物划分为观叶植物、观化植物、观果植物三大类。

（一）观叶植物

观叶植物是指以叶片的形状、色泽和质地为主要观赏对象，具有较强

图 3.5.1　以叶质取胜的观叶植物

图 3.5.2　以叶色取胜的观叶植物

图 3.5.3　观花植物

的耐阴性，适宜在室内条件下较长时间陈设和观赏的植物。根据性状的不同，又可分为：木本观叶植物，如苏铁和橡皮树；藤本观叶植物，如绿萝和长春藤；草本观叶植物，如秋海棠和文竹。室内观叶植物与其他观赏植物相比有其独特的优点：一是耐阴性强，二是观赏周期长，三是管理方便，四是种类繁多，能满足各种场合的绿化装饰需要。观叶植物的观赏价值在于叶片的形状、大小、质地和颜色。

1. 叶片的形状和大小。观叶植物的叶形有数十种之多，常见的有线形、心形、戟形、椭圆、多角、剑形等，龟背竹的巨大叶片发育形成羽裂状和孔状，形如瑞士干酪，合果芋的叶形似鹅脚或箭头，由此得名"鹅脚"或"箭头藤"；叶片的大小也各不相同，小至珊瑚念珠草微小鲜绿的针头状叶片，大至龟背竹和琴叶榕硕大的叶片。在植株整体的观赏效果中，这两方面起着举足轻重的作用。

2. 叶质（图 3.5.1）。植物的叶质有的呈革质、草质、蜡质，有的表面多皱、多毛，有的多刺，还有的多汁。千姿百态的叶质给人以迷人的视觉和触觉感受。例如：醒目的蟆叶秋海棠的叶面布满短而硬的毛，使叶片有一种似砂纸般粗糙的质地；相反，蔓性紫鹅绒的叶片上的绒毛长而柔软，故有绒毛植物之称。而花叶芋半透明的叶片薄如纸，容易破碎，故有"天使翅膀"之称。

3. 叶色（图 3.5.2）。绝大多数观叶植物的叶子呈绿色，但不是所有的叶片都是绿色。即便在完全为绿色的叶片中，颜色的深浅和色调也不同。有的叶片边缘有金黄色、乳白色或白色的条纹，这些斑纹或显出不规则的水溅状或斑驳状，或呈现别具一格的图案。例如，红叶苋的叶和茎为鲜红色，有些蟆叶秋海棠品种叶为粉红、红色、银色和紫色，却看不到绿色。合果芋又软又薄的叶片常为白色或乳白色，中心有显眼的粉红色，或者有细的绿色叶缘或绿色叶脉。易于栽培的彩叶草和变叶草，植物的叶片上都有生动的图案，图案常常是十分华丽的，由各种深浅不同的红色、黄色、橙色和棕色构成。

（二）观花植物

观花植物（图 3.5.3）斑斓多彩。有的单个花朵很小，但当它们聚在一起时，也蔚为壮观；有的单个花朵很大，轮廓清晰，成为人们关注的焦点。同样，花朵的形状也是应有尽有，从茉莉简单的五个花瓣的喇叭形花，到兰科中一些外形奇特的品种，重瓣、单瓣、吊钟状、星形、喇叭形、兜状、玫瑰花形……可供选择的种类不计其数。

与观叶植物相比，观花植物要求的光较为充足，且夜晚温度应较低，才能使植物储备养分，促进花芽发育。因此观花植物的布置在室内要受限得多。

大多数观花植物莳养的目的是欣赏花的颜色和外观，但有些是为了享受花的芳香。白茉莉花香溢满屋；千金子蜡质乳白的喇叭形花的芳香，使人难挡其诱惑；栀子花白色重瓣或半重瓣的花朵香味浓郁。许多鳞茎植物（如水仙花、风信子、番红花），可以在室内开花，它们轻淡优雅的香气在室内要比在花园中更容易被闻到。

观花植物首先应该选择四季开花的，如扶桑、天竺葵等；其次考虑花叶并茂的植物，一年花季虽不长，但无花时有较高观赏价值的叶给予补赏，如蟹爪兰、鹤望兰等；再次是多年生植物，每年开花一季或两季，没开花时观赏价值低，如麝香百合、金粟兰等；最后是一二年生植物，开花虽仅一季，但极吸引人，如瓜叶菊。

（三）观果植物

许多观果植物的花貌不惊人，只是由于那些外表和颜色令人陶醉且经久不落的果实才让人们将它们请入室内，如柑橘类植物。

作为观赏的果，要求有美观的形状或有鲜艳的色彩，加之室内环境因素的限制，室内绿化中可用的观果植物就更少了。常见的果大型者有石榴、金橘和艳凤梨；小型果较多，如万年青、构骨、南天竺、珊瑚樱等（图 3.5.4）。在色彩上成熟后大多为红色（如万年青、构骨），也有黄色（如金橘），在成熟过程中还有从绿色到红色的各种变化色

图 3.5.4　观果植物

彩。因此，当果成熟后，把观果植物置于适当位置能起到吸引视线的作用。

观果植物与观花植物一样，一般都要有充足的光线和水分，否则会影响果的大小和色彩。观果植物的选择应首先考虑花果并茂的，如石榴，或果叶并茂的，如艳凤梨，然后才考虑单观果的植物。

二、室内植物的陈设

（一）室内绿化植物的选择

室内与绿化的选择是双向的：一方面对室内来说，是选择什么样的植物和怎样配置较为合适；另一方面对植物来说，应选择什么样的室内环境才能生长。这两方面都非常重要，在设计之初应做好计划。一般来说，室内绿化的选择和配置要考虑以下几方面的问题。

图 3.5.5 光照条件差选择耐阴植物（左）

图 3.5.6 植物营造宁静雅致的客房卧室氛围（右）

1. 根据房间的朝向和光照条件选择植物。要选择那些形态优美、装饰性强、季节性不太明显和容易在室内成活的植物。（图 3.5.5）

2. 根据室内空间要创造的环境氛围来选择配置绿化。不同功能的室内空间，要求的环境气氛不同，如酒店前厅要求华丽气派，会议空间要求宁静素雅，而客房空间则要求温馨雅致，在选用植物时，要根据不同植物的形态、色彩、造型等表现出不同的性格、情调和气氛进行选择，使植物的陈设和室内要求的环境气氛保持一致。（图 3.5.6）

3. 考虑绿化对空间的组织作用。如对空间的分隔、限定、引导、填补等，以弥补或掩盖原建筑空间的不足，从而创造既美观又满足使用需求的室内空间。

4. 根据空间的三维尺寸选择植物。植物的大小应和空间尺度以及家具等陈设品获得良好的比例关系，体积大的空间应选择高大的植物，以烘托其雄伟博大的气氛，如中庭空间；体量较小的空间应配置一些轻盈、玲珑、娇小的植物，如前厅选用金橘、月季。

5. 根据室内的色调选择植物色彩。植物的花色可为室内增色不少，但由于现在可选用的植物多种多样，对多种不同的叶形、色彩、大小应予以组织和简化，与室内环境色调保持整体和协调的效果，色调过多则会使室内显得凌乱。

图 3.5.7 在阳台布置植物

6. 利用不占室内地面面积之处布置绿化，如家具几案桌的台面、墙体壁龛、窗台、角隅、楼梯背部以及各种悬挂、悬吊方式。

7. 选择与室外联系较多的地方布置绿化，如靠近阳台的门窗边，面向室外花园的开敞空间等。（图 3.5.7）

8. 考虑绿化植物的养护问题，包括对植物的修剪、绑扎、浇水、施肥等。对悬挂或悬吊植物要注意选择合适的供水和排水方法，避免影响室内环境；还要注意冷气或穿堂风对植物的伤害，特别是观花植物，应予以更多的照顾等。

9. 充分发挥植物的环保功能，避免选用某些散发有毒气体或影响人们身体健康的植物。

10. 注意植物与种植容器的搭配。应按照植物的大小、形状、质地、色彩选择容器，容器花色不宜太过醒目，以免遮掩了植物本身的美。

（二）室内植物陈设的类型

观赏植物应用于酒店室内陈设有多种类型，通常使用的有摆设、垂吊、壁饰、植屏攀缘等，具体选用哪种装饰方法，在遵守室内陈设基本原则的基础上，还应考虑每种陈设方法的特点与客人的爱好、建筑空间的功能及大小、墙体及家具的形状、质地、颜色等的协调性。

1. 摆设类

摆设是酒店室内绿化陈设的主要方法之一，它的形式有盆栽、组合盆栽、盆景等。

（1）盆栽：是将植物单株种植于盆中，是室内植物陈设最普通、最基本的使用形式。（图3.5.8）

图3.5.8　盆栽摆设

第一，盆栽的特点：一是将植物种于容器中，便于移动、布置和更换，可以在短时间内营造满足不同需求的室内景观。二是种类繁多、形式多样。可以利用盆栽植物在植株大小、姿态、花型、叶型、果型、花色、叶色、花期等方面的不同进行室内植物陈设，以形成变化多样的室内景观。三是对于环境条件差异较大的空间，均可选择相应的室内盆栽植物进行装饰，做到适地摆花、适时赏花。比如：变叶木、印度橡皮树、红桑、朱蕉等喜光植物适合摆放于阳台、窗台、门厅等光线较充足的地方，绿萝、冷水花、合果芋、龟背竹等耐阴植物适合摆放于厨房、走廊、卫生间等光线较弱的地方。四是盆栽植物具有花期、果期不同的特点，可以根据室内空间、场合需求及营造氛围的不同进行绿化装饰，创造四季有景、花开常年的室内景观。五是有些盆栽花卉有多种栽培形式，能营造丰富的景观特点。如海芋有高大的直立型盆栽、丛生的小盆栽、水培瓶栽、造型盆景等。

第二，盆栽的容器：大致有陶、瓷、塑料、金属、混凝土及木制品等。选择合适的栽培容器要考虑多方面因素。首先，容器的大小、式样要与植株的大小、种类相一致。其次，容器的造型、颜色要与植物的姿态、色泽相协调。姿态粗犷而具野趣的植物，宜选用质地较粗糙的容器；姿态柔美、轻巧的植物，宜选用质地细腻、外形精致的容器；为使蔓生花卉有足够的高度或沿容器的边缘垂下来，可选择长筒形的花盆或缸。最后，容器的选择要考虑建筑空间的风格、质感与色彩。西式的建筑空间，常选择外观华丽的容器和花繁叶茂的植物，体现雍容华贵的气质；中国古典式的建筑空间则喜欢用陶盆、瓷盆或木质盆，植物以淡雅清秀为主，体现古色古香的意境。（图3.5.9）

第三，盆栽的几架：可分为规则形和自然形两类。规则形几架有桌、几、墩、架四种；自然形几架是指树根几，来源于各种杂木的根，造型生动自然，形态各异，具有较高的观赏价值和艺术价值。要注意的是，几架无论其观赏价值多高，它毕竟处于从属地位，是一种通过提高盆栽植物的观赏性来表现自己的装饰物和陪衬物，因此在色彩的选择上不宜过分华丽，体量上不可过分夸张，不可喧宾夺主。

（2）组合盆栽：是指通过艺术加工和设计，选取几种具有观赏价值的室内植物合理地种植于一个容器中，既发挥每种植物的个体美，又体现色彩、质感、层次等方面相互协调的植物群体美，被称为"室内迷你花园"。组合盆栽是活的艺术品，是将自然浓缩于咫尺中的园林艺术再现，利用多样统一、对比和谐、比例尺度、韵律动感等艺术原理，灵活地将观赏效果不同的植物配植在一起，尽情地发挥其独特的景观作用。（图3.5.10）

一盆完整的组合盆栽应由植物、容器、基质和附属物四个部分构成，其中植物是主体，容器是客体，基质是基础，附属物是点缀，四者之间相辅相成、相互联系，成为一个整体。组合盆栽的形式有：单种植物组合、观叶植物组合（图3.5.11）、观花植物组合、悬挂植物组合、多肉植物组合、组合套盆等。观叶植物组合一般陈设于酒店前厅、会议室、接待室等地方，表达好客、热情、大方等主题；观花植物组合常用于酒店大厅、门厅、窗台等的装饰，起到醒目、热烈、烘托气氛的作用；悬挂植物组合多用于装饰墙面、大门、窗户、阳台等；多肉植物组合造型

图3.5.9　容器展现盆栽的韵味（左）

图3.5.10　单种植物组合盆栽（右）

独特，精美可人，养护简单，是室内组合盆栽中的宠儿；组合套盆更换方便，不受时间和地点限制。

（3）盆景：盆景运用不同的植物和山石等素材，经过艺术加工，仿效大自然的风姿神采和秀丽的山水，在盆中塑造出一种活的观赏艺术品。

中国盆景艺术运用"缩龙成寸""小中见大"的艺术手法，给人以"一峰则太华千寻，一勺则江湖万里"的艺术感染力，是自然风景的缩影。它源于自然，而高于自然。人们把盆景誉为"无声的诗，立体的画""有生命的艺雕"。

盆景依其取材和制作的不同，可分为树桩盆景和山水盆景两大类。

树桩盆景简称桩景，泛指观赏植物根、干、叶、花、果的神态、色泽和风韵的盆景（图3.5.12）。一般选取姿态优美、植株矮、叶小、寿命长、抗性强、易造型的植物。根据其生态特点和艺术要求，通过修剪、整枝、吊扎和嫁接等技术加工和精心培育，长期控制其生长发育，使其形成独特的艺术造型。有的苍劲古朴；有的枝叶扶疏，横条斜影；有的亭亭玉立，高耸挺拔。桩景的类型有直干式、蟠曲式、斜干式、横枝式、悬崖式、垂枝式、提根式、丛林式、寄生式等。

山水盆景又叫水石盆景，是将山石经过雕琢、腐蚀、拼接等艺术和技术处理后，设于雅致的浅盆之中，缀以亭榭、舟桥、人物，并配植小树、苔藓，构成美丽的自然山水景观（图3.5.13）。几块山石，雕琢得当，使人如见万仞高山，可谓"丛山数百里，尽在小盆中"。山石材料一类是质地坚硬、不吸水分、难长苔藓的硬石，如英石、太湖石、钟乳石、斧劈石、木化石等；另一类是质地较为疏松、易吸水分、能长苔藓的软石，如鸡骨石、芦管石、浮石、砂积石等。山水盆景的造型有孤峰式、重叠式、疏密式等。各地山石材料的质、纹、形、色不同，运用的艺术手法和技术方法各异，因而其表现的主题和所具的风格各有所长。四川的砂积石山水盆景着重表现"峨眉天下秀""青城天下幽""三峡天下险""剑门天下雄"等壮丽景色，"天

图 3.5.11　观叶植物组合盆栽（左）

图 3.5.12　树桩盆景（右）

图 3.5.13 山水盆景（左）
图 3.5.14 悬吊类植物（右）

府之国"的奇峰峻岭、名山大川似呈现在眼前。广西的山水盆景别具一格，着重表现秀丽奇特的桂林山水之美。"几程滴水曲，万点桂山尖""玉簪斜插渔歌欢"等意境的盆景，使观者似泛舟清澈的漓江之上，陶醉于如画的山水之间。上海的山水盆景，小巧精致，意境深远。在山水盆景中，因取材及表现手法不同，又有一种不设水的旱盆景，例如只以石表现崇山峻岭或表现高岭、沙漠驼队等。山水盆景在风格上讲究清、通、险、阔和山石的奇特等特点。

此外，还有兼备树桩、山水盆景之特点的水旱盆景及石玩盆景。石玩盆景是选用形状奇特、姿态优美、色质俱佳的天然石块，稍加整理，配以盆、盘、座、架而成的案头清供。

微型盆景和挂式盆景是现代出现的新形式。微型盆景以小巧精致、玲珑剔透为特点，小的可一只手托起五六个。这类盆景适合书房和近赏。

盆景用的盆，种类很多，十分考究。一般有紫砂盆、瓷盆、紫砂盘、瓷盘、大理石盘、钟乳石"云盘"、水磨石盘等。盆、盘的形状各式各样，还可用树蔸作盆。陈设盆景的几架，也非常考究。红木几架，古色古香；斑竹、树根制作的几架轻巧自然，富于地方特色。由于盆、架在盆景艺术中也有着重要的作用，因而鉴赏盆景，有"一景二盆三几架"的综合品评之说。

2. 垂吊类

垂吊即在质地轻巧的盆、篮或盂等容器中装入轻质人工基质，种植蔓生或藤本花卉，用绳索将其悬吊于室内空中，使枝叶垂挂下来，既丰富了室内空中环境的层次，又可增加主体景观，是一种非常灵活而有趣的装饰方法。（图 3.5.14）

一幅完整的垂吊作品是由吊具、基质、垂吊花卉及吊挂位置四部分构成的，使其融为一体，才能显示整体的艺术美。适合垂吊花卉吊挂的场所主要是能引人注目、易形成焦点景观或急需用垂吊来改变原来景观单调的

地方，如餐厅、客房的墙面等，酒店的入口、棚架、走廊、扶手等处。吊挂方式应遵循美学原理，根据植物特性、空间特点，形成高低起伏、错落有致、富有层次的室内景观。

图 3.5.15　植物壁饰——嵌壁（左）

图 3.5.16　植物壁饰——贴壁（右）

3. 壁饰类

壁饰是指利用绿色植物对室内竖向墙壁或柱面进行空间绿化装饰的一种方式。主要用于酒店的门厅、天井或开放式走廊等的墙壁，具有不占地面空间的特点，使室内绿化方式呈现多样化。壁饰可以缓和墙体建筑线条的生硬感，也可遮掩壁面不雅观之处，给单调的室内增添许多生机。用于壁饰的植物材料来源广泛，可以做垂吊的植物多能用于壁饰。

壁饰的形式有以下几种。

（1）壁挂：将观花或观叶植物种植于篮中，然后嵌挂在室内壁柱上作装饰，使空间具有立体感，让人欣赏到精美而生动的活壁画。壁挂一般是把盆平直的一面紧贴在墙壁、角隅或柱面上悬挂，形成大小不同、高低错落的壁面景观。

（2）嵌壁（图 3.5.15）：在砌筑壁柱时，预先在墙壁上设计一些不规则的自然孔洞，然后把大小适宜的容器连同栽种的花卉嵌入其中；或直接往孔洞内填入泥土，栽植花卉进行装饰；也可在墙上安置经过精细加工涂饰的多层隔板，形成简单的博古架，其间摆设各种观叶植物，如绿萝、鸭跖草、吊兰、常春藤、蕨类等，以及中小插花作品和水养花卉，形成层次分明、错落有致的立体景观，别有一番情趣。

（3）贴壁（图 3.5.16）：利用攀援植物的卷须、吸盘或气生根，攀援墙体向上生长，改变室内枯燥乏味的景象。常用植物有花叶蛇葡萄、花叶白粉藤、薜荔、常春藤、球兰等。贴壁绿化装饰要注意花卉和叶色的变化需与墙面相协调，整个画面应高于人的视线，以便欣赏。

（4）植屏（图 3.5.17）：在较大而空旷的房间内，为了临时的分隔，用植物来作屏风。如餐厅就餐区适合于这种植物屏风，效果生动活泼，犹

图 3.5.17　植屏（左）
图 3.5.18　水培植物（右）

如置身于大自然中。用盆栽花卉制作植物屏风，可随意移动，可根据实际需要随时调整空间大小，使室内环境变化多样。

植屏的形式多样：第一，直立型植物成排摆放，形成植物屏风。可以应用的大型盆栽植物有散尾葵、鱼尾葵、榕树、橡皮树、南洋杉、富贵椰子、巴西铁等。第二，枝条柔韧的植物通过艺术造型，形成天然植屏，通过斑驳交错的茎干，使空间渗透，达到似隔非隔的效果。常用的植物有榕树、马拉巴栗、富贵竹等。第三，将攀援植物造型成绿柱、绿架或绿帘。绿柱形成的屏风犹如一道绿墙，自然而致密，可以将空间完全分隔，阻挡视线穿透，可用于会客处、接待处、洽谈处等私密性强的空间分隔；茶室、酒廊、咖啡厅绿化装饰中常采用绿帘的装饰形式。

（5）水培植物（图 3.5.18）：是将一些植物传统的盆栽模式转化为玻璃容器水养模式，以达到一种既可观叶，又可赏根，同时又可随意组合的艺术效果。水培植物的优越性在于上面鲜花绿叶、下面根须漂洒、水中鱼儿畅游，景观新奇、格调高雅。水培植物生长在清澈透明的水中，不会滋生细菌、蚊虫等，更无异味。摆放水培植物还能够调节小气候，增加空气湿度，非常适合室内摆放。

三、植物与酒店空间的组织

植物作为酒店室内陈设的要素之一，对组织、装饰、美化酒店室内空间起着重要的作用。运用植物组织酒店室内空间大致有以下几种手法。

（一）内外空间的过渡与延伸

植物引进酒店，使酒店室内空间兼有外部大自然界的因素，达到了内外部空间的自然过渡，能使人减小突然从外部自然环境进到一个封闭的室内空间的感觉。为此，我们可以在酒店出入口处设置花池、盆栽或花棚（图 3.5.19）；在门廊的顶部或墙面上作悬吊绿化；在门厅内作绿化甚至绿

图 3.5.19　植物位于出入口处
（左）
图 3.5.20　植物沿阳台布置
（右）

化组景；在阳台布置植物（图 3.5.20）也可以采用借景的办法，通过玻璃和透窗，使人看到外部的植物世界，使室内室外的绿化景色互相渗透、连成一片，既使室内的有限空间得以扩大，又完成了内外过渡的目的。（图 3.5.21）

（二）限定与分隔空间

酒店建筑内部空间由于功能上的要求常常划分为不同的区域。如前厅，常具有交通、休息、等候、服务、观赏等多功能的作用；又如餐厅的用餐区与走道；有些客房中需要划分谈话休息区与就餐或工作区。这些多种功能的空间，可以采用绿化的手法把不同用途的空间加以限定和分隔，使之既能保持各部分不同的功能作用，又不失整体空间的开敞性和完整性。

限定与划分空间的常用手法有利用盆花、花池、绿罩、绿帘、绿墙等方法作线形分隔或面的分隔。（图 3.5.22）

（三）调整空间

利用植物绿化，可以改造空旷的大空间，筑造景园，或利用盆栽组成片林、花堆，既能改变原有空间的空旷感，又能增加空间中的自然气氛。空旷的立面可以利用绿化分割，使人感到其高度大小宜人。（图 3.5.23）

图 3.5.21　植物延伸过渡室内外空间（左）
图 3.5.22　植物限定和分割空间（右）

图 3.5.23　植物调整空间

图 3.5.24　植物柔化空间

图 3.5.25　植物导向空间

（四）柔化空间

　　酒店建筑空间大多是由直线形和板块形构件所组合的几何体，使人感觉生硬冷漠。利用室内绿化中植物特有的曲线、多姿的形态、柔软的质感、悦目的色彩和生动的影子，改善原有空间空旷、生硬的感觉，使人感到尺度宜人和亲切。（图 3.5.24）

（五）空间的提示与导向

　　具有观赏性的植物由于能强烈地吸引人们的注意力，因而常常能巧妙而含蓄地起到提示与指向人们活动的作用。在空间的出入口、变换空间的过渡处、廊道的转折处、台阶坡道的起止点，可设置花池、盆栽作提示，以重点绿化突出楼梯和主要道路的位置，借助有规律的花池、花堆、盆栽或吊盆的线形布置，可以形成无声的空间诱导路线。（图 3.5.25）

（六）装点室内剩余空间

　　在室内空间中的死角、剩余空间，利用绿化来装点往往是再好不过的。如在悬梯下部、墙角、家具或沙发的转角和端头、窗台或窗框周围布置绿化，可使这些空间景象一新，充满生气。

（七）创造虚拟空间

　　在大空间内利用植物可以创造出虚拟的空间。例如：利用植物大型的伞状树冠，可以构成上部封闭的空间；利用棚架与植物可以构成周围与顶部都是植物的绿色空间，其空间似封闭又通透。（图 3.5.26）

（八）美化与装饰空间

　　植物是活的艺术品，以其多姿的形态、娴静素雅或斑斓夺目的色彩、清新幽雅的气味以及独特的气质作为室内装饰物，常常使人百看不厌，令人陶醉，让人在欣赏中去遐想、去品味它的美。

　　具有自然美的植物，可以更好地烘托出建筑空间、建筑装修材料的美，而且相互辉映、相得益彰。以绿色为基调兼有缤纷色彩的植物不仅可以改变室内单调的色彩，还可以使其色调更丰富更调和。形态富于变化的植物可以柔化生硬、单调的室内空间。利用植物，无论装饰空间、装饰家具、灯具，或烘托其他艺术品如雕塑、工艺品或文物等，都能起到烘托与美化的作用。（图 3.5.27）

图 3.5.26   植物创造虚拟空间

（九）利用植物材料构成具有特殊质感的空间

在多功能的酒店建筑内部组合中，利用藤本攀援植物、原木、棕榈叶、稻草等所创造出的空间，能明显地区别于周围其他材料构成的空间（图 3.5.28）。这些空间具有质朴与自然感，并具有乡土气息，比其他任何陈设更具有生机和魅力。

四、酒店室内植物的布局

植物的配置需十分注意所在场所的整体关系，把握好它与环境其他形象的比例尺度，尤其是与人的动静关系，把植物置身于人视域的合适位置。如为大尺度的植物，一般盆栽于靠近空间实体的墙、柱等较为安定的空间，与来往人群的交通空间保持一定的距离，让人观赏到植物的秆、枝、叶的整体效果；中等尺度的植物可放在窗、桌、柜等略低于人视平线的位置，便于人观赏植物的叶、花、果；小尺度的植物往往以小巧出奇制胜，盆栽容器的选配也需匠心，置于橱柜之顶、搁板之上或悬吊空中，让人全方位

图 3.5.27   植物美化与装饰空间

图 3.5.28   植物构成特殊质感的空间

来观赏。室内绿化的配置应抓住植物中乔、灌木及花草以树干形态、枝叶色泽，或以花叶扶疏来吸引人这些不同的形象特色，发挥出它们最富有表现力的形象特征，以点、线、面、体的不同格局创造丰富的水平和垂直向的绿化效果。

（一）点的布局

点配置的绿化主要选用具有较高观赏价值的植物，作为室内环境的某一景点。应注意它的空间构图及与周围环境的配合，并易从背景的面中跳跃出来，形成视觉中心。在室内绿化中，凡是独立或成组设置的盆栽、乔木、灌木、插花、盆景等都可以看成是点状布局，它往往是室内的景观焦点，具有较强的视觉吸引力和装饰性。

安排点状绿化的原则是突出重点。要从形态、质地、花色等各个方面精心挑选绿化，不要在周围堆砌与它的高低、形状、色彩相近的器物，以使点状绿化清晰而突出。

用作点状的绿化可以直接陈设于地面，也可以陈设于几、架、桌上，如在组合沙发形成的角落陈设的盆栽植物，在角几或茶几、餐桌上陈设的插花都可以看作是点状布局，它们都具有点的视觉焦点作用。点状绿化还可以悬挂于空中，如常见的吊兰等。

（二）线的布局

线配置的绿化选用形象形态较为一致的植物，以直线或曲线状植于地面、盆或花槽中而连续排列。常配合静态空间的划分、动态空间的导向，起到组织和疏导的作用。设计线状绿化要充分考虑空间组织和构图的要求，或高或低，或曲或直，或长或短，都要以空间组织的需要和构图规律为依据。

（三）面的布局

面配置的绿化最好选用耐旱、耐阴的蔓生、藤本植物或观叶植物，在空间成片悬挂或布满墙面，给人以大面的整体视觉效果，也可作为某一主体形象的衬景或起遮蔽作用。成面的绿化多数是用来作背景的，这种绿化的体、形、色等都应以突出其前面的景物为原则；有些面状绿化可用来遮挡空间中有碍观瞻的东西，这时它就变成了空间内的主要景观点，这种面状绿化一定要美观耐看，有丰富多变的层次感。在设计面状绿化布局时，其大小、形状、色彩等要注重与周围环境的总体艺术效果。（图3.5.29）

（四）体的布局

体配置的绿化是一种具有半室内、半室外效果的温室或空间绿化，也可称为室内景园，多用于宾馆或大型公共建筑。这种形式应以乔、灌木和地被草花等高矮不等、体型大小各异的植物进行群落式的配置，形成模拟自然的植物景观组合，独立成景，也可与装饰物搭配形成主题景观。（图3.5.30）

图 3.5.29　植物面的布局（左）
图 3.5.30　植物体的布局（右）

五、室内植物与酒店风格

如今，中国大多数城市时常出现雾霾现象，因此外出旅行和公干的人更加注重住宿环境的质量。酒店室内陈设中，绿色植物的种植成了酒店必不可少的元素之一。不同风格的酒店，植物的选择存在很大不同，它们只有与酒店的整体风格相搭配，才能起到事半功倍的作用。

（一）中式古典酒店软装风格：谦谦君子，宁静致远

在中式古典酒店陈设过程中，一般讲究以"意"取胜。中式古典酒店崇尚古朴、简洁、庄重、优雅，讲究规则、对称、中轴等观念。为了体现中式这种宁静致远的风格，大多酒店会选择寓意高洁的植物，如梅、兰、竹、菊等；为了传达某种意境，也经常会摆放修剪过的盆栽，美其名曰"观其叶，赏其形"。例如，可以在客房屏风处摆放一盆老树盘根的金弹子树桩头，或是在玄关处放置一盆寒梅，都能将中式软装风格体现到极致。另外，中国人讲求方正、平稳，因此叶片宽大的龟背竹、发财树也经常会被应用到酒店客房、会议室等环境中。（图 3.5.31）

（二）欧式古典酒店软装风格：花开富贵，尽显华贵

自文艺复兴以来，欧洲大多数国家选择追求高雅的奢华感。在欧式古典风格的酒店装饰中，可以选择热烈、华美的植物，如玫瑰花、向日葵、非洲菊等。与中式酒店相比，欧式酒店的氛围显得更加热烈、活泼。（图 3.5.32）

（三）现代简约式酒店软装风格：绿树红花随心搭

如今，现代简约风格为大多数年轻人所喜爱，因其简洁明快，同时又可以张扬个性，在色彩、选材、造型上都颇具时代特色。在现代简约风格

图 3.5.31 中式古典酒店的植物装饰（上左）

图 3.5.32 欧式古典酒店的植物装饰（上右）

图 3.5.33 现代简约式酒店的植物装饰（下左）

图 3.5.34 地中海式酒店的植物装饰（下右）

的酒店中，可以摆放几盆吊兰、一簇散尾葵来点缀室内空间，不但可以净化空气，还可以增添艺术气息。（图 3.5.33）

（四）地中海式酒店软装风格：热带花草吹过海洋风情

温暖的阳光、蓝色的大海、白色的游轮造就地中海风情。在地中海式酒店中，应该充满童话般的装饰，可以用代表"等待爱情"的薰衣草、"重生的爱"的风信子、"温柔可爱"的矢车菊来创造爱的海洋，让人置身于花香的世界，享受浪漫的爱情。（图 3.5.34）

（五）东南亚式酒店软装风格：蕉叶椰香尽显泰式风情

东南亚风格是一个结合东南亚民族岛屿特色及精致文化品位的设计，注重细节和软装饰。在东南亚风格的酒店中，设计者可以选择椰树和棕榈，使顾客产生恍若进入异域的心理感受。（图 3.5.35）

（六）田园式酒店软装风格：回归自然最美

倡导"回归自然"的田园风格是现在很流行的酒店陈设设计风格。田园风格分为中式田园风格、欧式田园风格、美式田园风格三大类。

1. 中式田园软装风格：青竹香莲 "大隐于市"，"采菊东篱下，悠然见南山。"中式田园风酒店要配有青竹矮墙的隔断，配上薰衣草编的卷帘以及几盆兰花草，营造一种隐士之风；还可以在水池景观中种上几棵香莲，营造芙蓉出水、芳泽隐隐之景。

2. 欧式田园软装风格：碎花营造温馨气息。欧式田园风酒店正如法国乡村的美丽家园，矮矮的铁栅栏墙上长满了鲜花与绿叶，窗台上有着五色小雏菊与野菊花，柜子上摆上一盆绿色藤蔓植物，餐桌上铺着方格台布，摆着几只精致的瓷杯，营造一种温馨气息。

图 3.5.35　东南亚式酒店的植物装饰

3. 美式田园软装风格：常青植物打造浓情绿意。美式田园摒弃了欧式古典软装风格的烦琐与奢华，简洁明快。传统的美式田园家具多使用原木，常通过搭配很多不开花的绿叶植物来衬托绿意。在客房内一般有四五株植物，分散放置。矮的地毯海棠、绿巨人放在桌上，高的龙血树、散尾葵放在沙发后面。

【思考练习】

1. 选择某酒店进行调查，分析其用植物组织酒店空间的手法，并给出改善建议。

2. 哪一类植物材料最适用于酒店植物陈设？简述其观赏价值。

3. 如何选择室内植物？

4. 简述室内植物的布局方式，分析其各自在室内陈设中的作用。

5. 植物陈设如何体现酒店风格？

【设计实践 3.5】

酒店餐厅植物设计。

第四章　酒店功能空间陈设设计

引言

　　当代酒店已成为社会交际、文化交流、信息传递的重要的社会活动场所。尤其是大型城市酒店承担部分城市功能，宛如城中之城，其服务对象从住店旅客扩大到社会各界，提高了酒店设施的使用率，如设置美容保健系列服务、健康俱乐部、会员制俱乐部、娱乐沙龙或中心，出租办公室、商务服务中心、购物中心或商店街乃至文化教室、展厅剧场、礼堂等。其功能之丰富多样、流线之错综复杂、设备与后勤管理的高度紧密而复杂的联系构成了酒店整体。

　　酒店在与周围环境的社会功能进行相互补充、渗透时也形成其功能不同程度的开放性，即利于所在地区经济繁荣的酒店功能的社会化。因此出现两种情况：其一，大型城市酒店除满足住店旅客的需要外，还承担了相当多的社会活动功能，其公共活动部分的内容和面积在总建筑面积中所占比例增加，这部分收益在酒店总收益中的比例也相应地增加。其二，一般中小型、中等级别和经济级的城市酒店可借助周围环境，依靠城市整体功能的调节、补充，虽然本身的设施不一定齐全，但可使酒店的部分功能在社会中实现，如利用社会的餐馆、洗衣房、停车场等。

　　因此，现代酒店不论类型、规模、等级如何，功能均以住宿、餐饮、宴会或会议为支柱，功能分区一般可分为入口接待、住宿、餐饮、公共活动、后勤服务管理五大部分。而对待客而言，酒店功能空间的陈设主要有大堂、客房、餐厅和娱乐空间、会展空间等区域的设计。当然，随着休闲度假酒店的出现，酒店的景观庭院作为一个新兴的功能空间不可阻挡地摆到酒店管理的重要位置，因此本书在酒店功能空间的陈设设计章节中，增加了景观庭院的设计，以满足和应对酒店业发展的新趋势。

背景知识

酒店陈设设计的构思过程

设计师在构思开始时，要把握酒店陈设设计要点，展开具有针对性的设计；确定好构思对象后，可以依照形象立意、图解思考、方案调整 3 个阶段来完成酒店设计方案的构思。

一、形象立意

在形象酝酿阶段，设计师首先要查阅大量设计参考资料，并思考设计风格、使用功能、指标等系列问题。

（一）确定风格

做酒店陈设设计，首先要确定设计风格。确定风格就为以后的设计思路敲定了整体格调，是整个设计工作最基础、最核心的内容。酒店设计风格可选择现代风格、高科技风格、中式风格、欧式风格、地方风格等。风格的选择要根据酒店的建筑设计、装修风格确定，可从了解到的历史流派中借鉴，也可以是原创性作品，不过要提倡个性化的设计。

（二）勾画功能分析图

在确定风格后，首先要完成的设计工作是勾画功能分析图。如设计酒店中餐厅之前，要确定其餐饮方式，如普通餐厅、自助餐厅、烧烤餐厅、快餐厅等。其次，在确定类型后做出功能分析图。最后，思考餐厅的几大功能分区，如候餐区、就餐区、服务区、制作区等。（图 4.0.1）

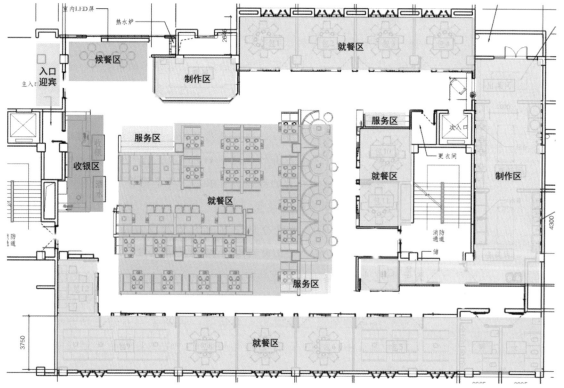

图 4.0.1　餐厅功能分区图

（三）确定陈设空间

在确定功能分区后，首先要明确一些和酒店设计内容有关的技术指标，如在餐厅设计中，要确定每平方米的座位数，最多容纳人数，包房、收客区及厨房的面积分配比例等有关数据；在此基础上，分析需要陈设的空间，如餐厅的桌面、墙面、地面、顶棚等有多少空间和面积需要陈设。通过陈设设计为空间功能服务、展示设计风格、深化空间内涵。（图 4.0.2）

二、图解思考

一个成功的设计往往包含设计者大量的图解思考，每个设计师都有自己的图解思考方式，但思考步骤主要有两个：平面功能图解思考和空间造型图解思考。

（一）平面功能图解思考

设计师在将功能分析研究清楚后，就要开始在图纸上构思平面草图。平面草图可分为图解草图和正式草图两种形式。

一般情况下，首先，可在 1：200~1：50 的平面图上做水平动线组织分析（图 4.0.3），从不同的观测角度出发，采用不同的思考方式勾画出多种动线分析图，通过相互比较选出最后的设计方案。其次，在选择的动线分析图上进行不同性质区域的划分，为下一步家具和陈设的布置奠定基础。最后，确定最终的平面布置草图，主要包括家具与陈设的布置（图 4.0.4）、各种设计选材的标注和设计思想说明等文字表达内容。

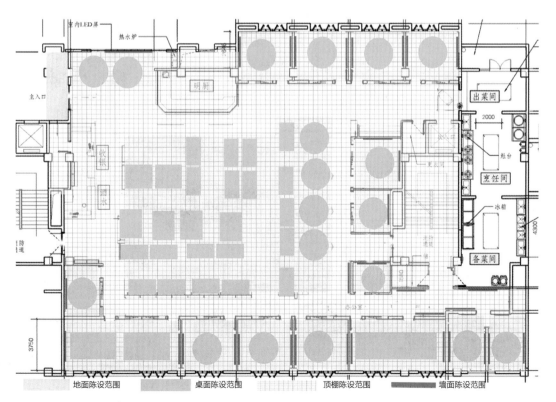

图 4.0.2 陈设空间示意图

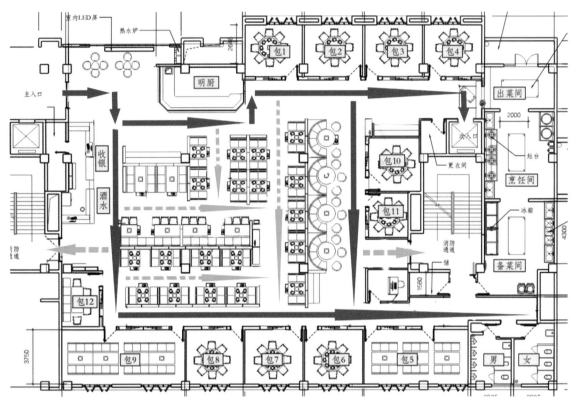

图 4.0.3　动线分析图

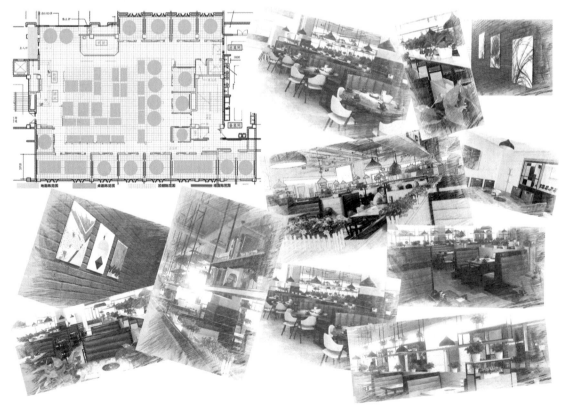

图 4.0.4　家具与陈设意向

（二）空间造型图解思考

经过平面功能图解思考的过程后，室内陈设设计的平面图纸已初步确定。接下来要着手进行剖面分析与设计，即对室内的空间组合及造型进行设计。空间造型图解思考也可分为图解草图和正式草图两种。和平面构思草图一样，空间造型草图的表达因人而异，但都要考虑图纸内容和要交流的对象。

在空间造型图解思考过程中，面对的室内空间复杂程度不同，可能图解量也会有所差别。对于复杂的酒店设计，还要进行垂直动线的分析，合理安排室内空间的活动规律及人流的走向，所以图解量会大一些；对于小型空间设计，其主要工作就是进行空间造型的图解思考（图 4.0.5），图解量相对要小一些。但不管设计繁简，都要多做图解方案，进行方案比较，并在不断的改进、完善中完成酒店陈设设计草图。

三、方案调整

在方案调整阶段，主要工作是就设计草图与有关人员进行交流，最后敲定酒店陈设设计方案。

（一）与同行交流

就设计草图与设计小组每位成员进行探讨，从中找到可能考虑不周全的地方。尤其是那些非常熟悉某种空间的专业设计人员对酒店空间有设计

图 4.0.5　空间造型图解

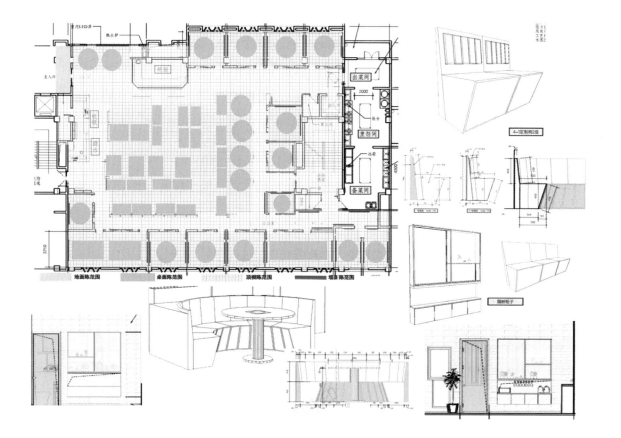

心得和体验，可以提出非常有价值的参考意见。

（二）与甲方交流

在可能的条件下，一定要虚心请教甲方（使用者）有关人员，因为他们是今后的空间使用者，对酒店空间的调整布局有绝对的发言权。对于某些二次装修的室内空间，使用者本身熟知室内的各种设备、管道、结构及空间感受，所以设计者只有认真地与甲方进行沟通交流，才能了解使用者对理想空间的感受。

由此可知，在酒店陈设设计之前，设计师只有做好市场调研、功能划分等前期准备，然后构思草图、进行空间造型图解与调整，才能为使用者提供一份合格的酒店陈设设计策划方案。

本章学习目标

1. 了解酒店功能分区及设施；
2. 掌握酒店各功能空间的陈设设计。

本章学习指南

一、学习方法

酒店功能空间陈设设计，首先要掌握各功能空间的特点、服务的标准，为设计做好前期的准备。其次要充分了解陈设元素的使用功能，并结合材质特点进行设计。最后要深入学习中国传统文化等方面知识，将文化底蕴融入设计，并充分彰显酒店特色。对于功能空间的陈设，可从装饰品、绿植、花艺等陈设设计元素方面着手烘托主题氛围，学生应从网络、杂志、市场、案例等渠道拓宽和积累经验。

二、注意事项

（一）设计中要尊重各项服务礼仪

在陈设设计过程中，要了解不同功能空间的服务礼仪，尊重生活习惯，使用陈设的图案、色彩、数字等避免禁忌、尊重习俗，才能设计出烘托氛围的陈设。

（二）以功能为先进行设计

设计过程中首先要考虑设施的使用功能，在此前提下陈设设计起到烘托和点缀等锦上添花的作用，切忌喧宾夺主，妨碍设施的使用，给消费者带来不方便、不舒适的体验。

（三）熟悉各类相关案例

要对古今中外的陈设案例进行深入的研究，对各类丰富的案例广闻博记，这是设计创新和灵感的源泉。

第一节　大堂陈设设计

【学习目标】

1. 了解酒店大堂的功能分区；

2. 掌握酒店大堂陈设设计。

一、大堂的功能分区

大堂是酒店的前奏空间，是客人集散的主要场所，位置极为重要。大堂常和门厅联系在一起，为客人提供接待、问讯、休息等服务，是客人对酒店内部空间产生第一印象的地方，客人对大堂的印象基本上就是对整个酒店的印象。大堂也是客人集中和进出的必经之路，还是通往酒店内其他空间的交通要道。一个符合标准的酒店大堂有着条理清楚的分区，具体包括酒店入口、前台、等待休息区、服务接待区和安全通道。（图 4.1.1）

（一）酒店入口

酒店入口设计效果强调给客人第一视觉冲击，同时让客人感到尊重和礼遇。酒店入口及门厅也是酒店形象的标志，对品牌营销非常重要。它们的风格与酒店空间整体风格是一致的，大致分为现代式风格、庭院式风格、古典式风格、棚架式风格等。（图 4.1.2）

（二）总服务台

酒店总服务台是大堂活动的主要焦点，为客人提供咨询、入住登记、离店结算、兑换外币、转达信息、贵重品保存等服务，是酒店对外服务的窗口和中心枢纽，在大堂中，位置最为醒目突出，所以直接影响酒店的形象。（图 4.1.3）

（三）等待休息区

等待休息区是酒店陈设设计中的一个重要环节，在拉近宾客彼此距离、体现酒店真诚的服务态度、实现信息的良好传达等许多方面起着重要

图 4.1.1　酒店大堂（左）
图 4.1.2　酒店入口（右）

图 4.1.3　总服务台（左）
图 4.1.4　等待休息区（右）

的作用。休息区的主要功能是客人往来酒店时等候、休息或约见店外人士，也是旅游团队的活动集散场所，可设有大堂吧、茶吧等收费区域。所以设计上要求舒适，相对不受外界干扰。（图 4.1.4）

休息区的整体色调要大方、富丽，现在比较流行中西结合的布置，在具体设计中可以从位置、灯光、色调、布置及绿化等几个方面进行体现。营造静逸的环境能很好地消除宾客内心激烈、活跃的心绪和身体机能的疲劳，使其形成平静、和谐的心态。除此之外，休息区陈设设计还可包括地毯、绿植、织物等。

（四）安全通道

安全通道包括酒店大堂的客人、行李的出入口，残疾人的出入口，服务、管理人员需要的出入口、楼梯和电梯，货物、设备、布草、回收垃圾等出运通道等。

二、大堂的陈设分类与设计方法

（一）屏风

屏风具有张、折灵活和搬运容易的特点，一般有立地型和多扇折叠型两种，其表现形式有透明、半透明、封闭及镂空等。屏风凭借着自身的工艺精美、色彩艳丽、材料奇特等特点广受欢迎，在酒店大堂中，为了营造特殊的氛围，酒店设计者经常会使用屏风这一元素。（图 4.1.5）

1. 屏风形式的自由创新设计。设计时，可以融合现代的设计要素，也可以将传统屏风设计要素进行革新，如可以做成正方形、长方形、菱形、不规则形状等，然后经过上漆或彩釉，使屏风兼具古典美和现代美。

2. 屏风内容的现代化展现。随着酒店的使用性质、功能和风格的变化，屏风的内容也可以随之变化，以求和谐顺应。设计师可以通过内容的创新，赋予其新的生命和内涵，使之更好地凸显酒店的主题。

图 4.1.5 酒店大堂的屏风
（左）

图 4.1.6 酒店大堂的壁画
（右）

3. 屏风色彩传达酒店主题。屏风的色彩和图案影响着酒店大堂的视觉传达效果。现代酒店大堂的设计风格多样，因此大堂屏风在形式和色彩上一定要具有设计感，要与酒店大堂的整体风格相协调。

（二）壁画和织物

在酒店的陈设设计中，壁画和织物设计占了一席之地。对酒店大堂形象墙进行壁画设计前，要先了解酒店的整体风格定位，必须与酒店内的其他家具、摆设相呼应。因此，其风格既有中式古典风（图 4.1.6），如国色天香、花开富贵的牡丹图；也有欧式奢华风，如以金箔做底，再绘制 18世纪宫廷风格的图案。酒店大堂形象墙采用墙体手绘壁画的方法来装饰，不仅低碳环保，还可以省去一大笔硬件配饰的费用。当然，酒店大堂形象墙壁画并不会仅局限于酒店大堂的设计，其内部会所、餐厅、包厢、走廊等地方，均可以运用墙体彩绘来达到点睛之效。

酒店大堂所用织物的材料有绸缎、纱和呢绒等，制作工艺也多种多样。这些软装饰品主要是为了防磨损、防灰尘、防噪音、防潮湿，如酒店大堂中的沙发、地毯以及沙发上的抱枕等。（图 4.1.7）

（三）花艺

酒店花艺设计作品的视觉性非常重要，要充分体现酒店的气质和水平。为此，设计前设计师应充分了解酒店所在城市的自然景观和人文风貌，理解了酒店不同空间的特质才能为酒店空间作出完美的花艺设计作品，起到为空间画龙点睛的作用，使酒店更加温馨迷人。

大堂插花因星级不同，以及平时和节日接待档次不同，其布置手法和要求也有所区别。通常情况下，酒店大堂都装修得富丽堂皇，在此摆放一件色彩明艳造型大气的插花作品往往能成为整个空间的焦点，让空间弥漫自然而温馨的气息。一般星级酒店的大堂宜放置大型主体插花，采用西方式风格或现代自由式风格，原则上要求布置在大堂中央；几架和花器要上乘；造型以规则的几何图形为主，常见的有圆形、半圆形、三角形等；花材新鲜、色彩丰富、花朵大而艳丽；体量较大且可四面观赏；花器稳重

（图 4.1.8）。若大堂是按中国传统的民族特色来装潢布置的，则插花形式
必须要与之相协调；否则不伦不类，给客人以不舒服的感受。在主体插花
的周围还可以适当布置一些观叶植物或小型喷泉，使主体插花作品与大堂
周围环境融为一体。

　　总服务台插花作品，既起到装饰作用又增添热烈友好的气氛，因此，
插花作品可采用热情奔放、花繁叶茂的西方图案式插花。插花的视线焦点
不能太高，应控制在人站立时的水平视线上或稍偏下。因此，总台插花多
用盆插或矮脚花器，少用花瓶和高脚盆。花器以具有现代感而且适合西方
式插花造型的为好。现代风格的总台摆放一盆简约新颖的插花能带给客人
浓郁的时尚气息，增添酒店的现代艺术感。插花作品应给人以亲近的感觉，
以轻松自然、简洁流畅的现代艺术插花作品为宜。（图 4.1.9）

　　大堂吧可以在钢琴、吧台一角做些小品插花，或采用敷花方式与酒瓶
酒具等一起陈设在装饰台上作静物欣赏。桌子或茶几上则多采用敷花或花
插布置，具有个性的创意插花适合摆放于此。（图 4.1.10）

　　大堂经理桌上适宜摆放形体较小的现代插花，造型灵活，色彩明快。
以不遮挡视线、形体较小、单面或四面观赏的图案型插花为多，线条型插

图 4.1.7　酒店大堂的织物（左）
图 4.1.8　大堂主体插花（右）

图 4.1.9　总服务台插花（左）
图 4.1.10　大堂吧的艺术插花
（右）

图 4.1.11　大堂经理桌上的花艺（左）

图 4.1.12　大堂洗手间化妆台的绿植（右）

花也可以，但要以不影响大堂经理工作为标准。大堂经理是协调、沟通客我关系的人，其办公处的花材和造型要注意营造轻松好客的氛围，给客人温馨、放松之感。（图 4.1.11）

　　大厅洗手间也是星级酒店重要的一个区域，也要注意空间的美化布置、香气空间的营造等。目前酒店比较普遍的做法是在洗手台、化妆台上摆放绿植或者插花作品，可以是盆插，也可以是瓶养（图 4.1.12）。在夏季，也可以用浮花的手法，效果都很不错。

　　此外，一些重要过道还应布置一些小型插花作品。

　　酒店花艺色彩的设计一定要和环境相协调，突出季节感和节日感，与酒店的气氛相吻合，为酒店增色生辉。例如绒布质感的暗红玫瑰，冬天摆放，雍容华贵，夏天却不够清爽。因此，花的色彩和质感，都应根据空间氛围和季节作适当的调整。可以用插花来演绎五彩缤纷的春季、清爽凉快的夏季、丰收喜悦的秋季、温暖热烈的冬季等四季的变化，让客人沐浴自然之风。当然，在重大节日或活动的时候，利用花材的寓意来表达作品的主题往往能获得意想不到的效果。例如，春节用牡丹、桃花和金橘，能表达花开富贵、大展宏图、大吉大利的寓意；而跳舞兰和红掌能传递跳跃欢快的心情和天长地久的美好心愿，既烘托热闹的节日气氛，又给人以美好的祝福，使酒店充满家的温暖。

　　花材的选择较为讲究，宜选用明亮、艳丽、华贵、格调较和谐、能代表酒店热情与爱心的花材，如百合、玫瑰、红掌、大丽花、康乃馨、唐菖蒲等，以祝愿客人的生活美好幸福。

　　（四）植物

　　大堂的植物陈设在酒店陈设设计时要重点对待。首先，大堂的绿化设计要以优美特色来吸引人，要营造或富丽堂皇，或简洁雅致，或清幽怀旧的空间氛围，使顾客获得一种全新的感官享受。其次，大堂集诸多功能于一体，大堂的绿化设计要满足功能分区明确和交通线路清晰的要求，有助于空间的组织和再创造，很好地起到提示和指向的作用。最后，绿化设计要注意与建筑风格的特征相结合,注意室内外空间的延续和表现民族特色、地方传统。

大堂的出入口处都陈设有绿化植物,或以高大盆栽植物对称地陈设于大门两边,或将盆栽植物按高低错落的次序组景陈设于大门两边,或沿踏步台阶线形对称布置盆栽植物,起到吸引和引导游客进入内部空间的作用(图4.1.13)。应通过植物巧妙组合,从出入口台阶起、经门到门厅,使这三个空间联系在一起,形成一个由外到内的空间流动。其植物陈设应具有简洁鲜明的欢迎气氛。在正对大门入口前方,可选用较大型、姿态挺拔、叶片直上、不阻挡人们出入视线的盆栽植物,如棕榈、椰子、棕竹、苏铁、南洋杉等;也可用色彩艳丽、明快的盆花,组合成各种几何图形的花坛、树坛等,或结合园林小品如假山石、喷泉、雕塑等形成园林小景。

酒店的大厅,是客人进店后首先接触到的公共场所。大厅的植物陈设是整个酒店各功能空间装饰的重点,应根据大厅的设计风格、特点,做到重点突出、主次分明,营造豪华、气派、自然、热烈及盛情的空间气氛,同时在装饰原则上既要体现中国传统艺术风格之美,又要具有异国风情之韵味。大厅的正中央是绿化的视觉中心和最具观赏价值的焦点,也是体现酒店室内绿化风格和布局的标志,常和中庭空间相结合组成园林景观,也是大堂内的核心景观,可在中央设计种植槽,配以盆栽观花、观叶植物,组成植物群落;或结合水池、水车、山石、酒坛等小品进行组景,构成焦点景观(图4.1.14)。如果大堂内未设中庭空间,除了陈设大型插花,还可利用主要楼梯周围和底部空间组织绿化景观,使之成为大堂的视觉焦点。

总服务台可将盆栽植物置于服务台一侧;若服务台的外形为"L"形,可将植物置于转角处,以缓和转角生硬的线条。总台两侧也常用大型盆栽摆设,以突出总台的位置。(图4.1.15)

会客处绿化装饰主要在沙发两旁、背面、转角处进行中大型植物装饰,如散尾葵、绿萝、棕竹等,而茶几以小型盆栽为宜。休息座椅周围可以绿化植物来虚拟地分隔空间,既有私密空间感,又营造了休息放松需要

图4.1.13　大堂出入口绿化（左）

图4.1.14　酒店大堂中庭植物布置（右）

图 4.1.15 酒店总服务台植物
配置（左）

图 4.1.16 会客处的植物配置
（右）

的宁静感。此处也可采用借景法，如果室外有精美的庭院，采用落地玻璃窗，将室外景观借到室内，使坐在茶座中的人如置身于精美的园林庭院中（图 4.1.16），如北京长富宫饭店、建国门饭店和香格里拉饭店的茶座均采用借景法。

楼梯上可每隔数级布置一盆观叶或观花植物，形成连续或交替的韵律。楼梯转角平台上，可配置龟背竹、棕竹、橡皮树等大中型观叶植物，预示方向的变化。楼梯栏杆可用常春藤、绿罗、吊兰等垂吊植物进行垂吊观赏。楼梯下方，尤其是楼梯转角的下方，必须进行绿化，以免造成死角。（图 4.1.17）

在大堂经理台和一些娱乐设施旁也可适当地陈设绿化，起到提示和点缀的作用。大堂空间内通常还有一些厅柱，为改变厅柱高大僵硬的空间感和引起行人的注意，在这些厅柱旁常以高大单株盆栽植物陈设，或以中小型盆栽围绕厅柱陈设。（图 4.1.18）

此外，在大堂的绿化装饰中，还要充分结合灯饰、壁画，使绿化与之融为一体。大堂空间上半部分可利用垂悬植物，结合灯光布置的几何线条，形成垂悬色带，同景观楼梯的垂直线条相呼应，在增加飘逸动感的同时，形成完美的大堂空间。

图 4.1.17 楼梯转角的植物
配置（左）

图 4.1.18 酒店大厅厅柱的植
物配置（右）

三、大堂色彩的搭配

大堂的色彩设计要依据酒店设计的主题和整体的风格，合适的色彩设计能够营造舒适、快乐的氛围。

首先，大堂的色彩设计要符合整个酒店设计的主题与风格。例如，在传统酒店的大堂里经常可以看到深木色的装饰，配上大量的大理石，显示了它的可靠和传统；在旅游酒店的大堂中，看到的则是另一番景象，往往会用高明度的基调色彩配合高彩度的点缀色，体现出酒店的轻松和愉快。

其次，大堂的色彩配色不能太多、太杂。大堂是人们进入酒店，对酒店内部产生第一印象的地方，杂乱的用色只会造成视觉上的污染，让人产生不舒适的感觉，还会降低酒店的格调。所以，基调色彩不宜选择明度过低或彩度过高的色彩，点缀色也要适当使用高彩度色彩，可以活跃气氛。

四、大堂陈设设计的原则

大堂是酒店档次、文化、形象的集中展示区域，也是最能给宾客留下深刻印象的地方。因此，对酒店大堂的空间环境进行营造是酒店陈设设计中的重要内容。

（一）表现主题与文化

对任何一个空间来说，在进行陈设设计时都应该为其赋予一个文化和主题，特别是对于大型的空间更是如此。如果一个空间没有思想和文化，就如同一个人没有性格、没有精神、缺少灵气一样。因此，一个好的酒店大堂一定有其内在的文化内涵、精神气质，使空间富有灵魂和生命力，陈设设计就是为空间赋予这种文化特色的过程。酒店的文化与主题，通常是以空间的形式与风格、质地和色彩、艺术品的陈设和应用等装饰手法，并

图 4.1.19　总服务台背景墙的文化表现

借助酒店大堂空间醒目的位置作载体来表现的，如大堂墙面的处理、总服务台背景墙的文化表现（图 4.1.19）、柱子的界面利用、顶棚装饰、地毯图案与拼花、空间视觉中心的设置等。在设计中要特别注意空间尺度的比例，太大或太小都不易达到效果，同时要注意保持大堂空间文化主题信息的统一。

（二）创造空间视觉环境

酒店大堂是给宾客留下第一印象的

图 4.1.20　酒店中庭创造视觉空间（左）

图 4.1.21　视觉导向处理（右）

地方，在空间处理上应能体现出气势恢宏、高雅独特的空间氛围，高星级和具有一定规模的酒店可以考虑设置中庭空间（图 4.1.20），中档次酒店也会根据具体情况设计裙楼围合式或单立式中庭。酒店中庭空间使人在视觉上和精神上得到享受，高大的中庭空间将人从封闭的空间中释放出来，形成内外空间相连的共享空间和室内庭院，使人有更亲近自然的感受。中庭空间的平面面积没有明确的规定，可以根据酒店的自身情况和视觉艺术需要均衡考虑，通常情况下面积不宜太小。中庭的设置要考虑人们的生理和心理感受，要符合空间尺度关系，过高会使人产生压抑和自卑感。通常人的视觉合理感受高度为 21~24m，因此，在设计时应考虑这个因素，通过装饰手法使空间的构成元素和构成比例相适应。

（三）组织设计视觉导向

酒店大堂是宾客穿行、分流的主要空间，因此，在空间处理上要考虑视觉导向的作用，通过具有导向性的形体和线条、连续的图案或色彩等装饰设计手段来科学合理地组织空间的时序关系，使空间动向流线清晰明确，具有连续、渐变、转折、引导等导向功能，避免空间时序杂乱，方便宾客的正常活动。（图 4.1.21）

【思考练习】

　　1. 酒店大堂功能分区及其地位、作用是什么？

　　2. 酒店大堂陈设设计主要有哪些内容？

　　3. 思考花艺在酒店大堂陈设设计中不同区域的设置特点。

　　4. 如何在酒店大堂不同区域进行植物设计？

　　5. 酒店大堂色彩搭配的要求有哪些？

　　6. 简述酒店大堂陈设设计原则。

【设计实践 4.1】

　　酒店大堂陈设设计。

第二节　客房的功能分区与陈设设计

【学习目标】

1. 了解酒店客房的功能分区；

2. 掌握客房陈设设计。

一、客房的功能分区

一般酒店客房内分成 3 个区域：小走道、卫生间、客房。

（一）小走道

小走道是从客房外进入客房内的过渡空间。在这个部分，通常会集合交通、衣柜、小酒吧等几个功能。

（二）卫生间

客房卫生间分成干区、湿区，有淋浴、浴缸、坐便、洗手台 4 个功能，有的酒店的客房卫生间还增加了化妆台功能。（图 4.2.1）

（三）客房

客房大致分为 3 个功能区：工作区、睡眠区、起居区。作为商务酒店客房的主要设施之一，写字台具有一种象征意义。工作区的写字台已不是过去单一的书写功能了，而是把电视机、音响（大多数的五星级酒店客房设置低音箱与电视机连接，其音响效果更佳）、写字功能，以及小酒吧、保险箱、行李架功能组合在一起，构成一个整体。写字台的组合形式因其尺度大，所以其款式、材质、颜色决定了整个房间的装修风格。陈设方式也从过去的"面壁书写"转变为现在的"面向房间书写"。（图 4.2.2）

睡眠区是室内设计师设计的重点区域。无论是 King Room 的大床还是 Twin Room 的双床，最要紧的是床背板和床头柜的设计，都与写字台的款式和材料相吻合，设计元素之间一定要有联系。（图 4.2.3）

近年来，客房内的起居功能设计有了较大改变。20 世纪八九十年代，这个区域往往是两个沙发加一个茶几，再配上一个落地灯。当今为了迎合

图 4.2.1　客房卫生间的化妆台（左）

图 4.2.2　面向房间的写字台（右）

图 4.2.3　客房家具材料、款式要协调（左）

图 4.2.4　客房的阳台（右）

商务的特点，设计师添加了更多的变化与创意。如沙发的布艺颜色、材质可以独出心裁，可以与客房内其他元素有所不同，以体现变化感和生动感。最具特色的是，现在很多酒店的客房设计中增加了一个阳台，把室外空间拉入室内，突破了几十年来一成不变的客房空间感，打破了封闭性。（图 4.2.4）

二、客房的陈设设计

客房室内布置除家具外，还包括布艺、花艺和植物等几大部分。客房的陈设布置构成了客房各区域的内部环境，并形成了与其使用功能相一致的气氛和意境。客房陈设布置的几大部分在其表现形式和作用上各有特点，然而无论是何种场合，作为一个整体，彼此又是不可分割的。

（一）布艺

布艺是人们生活必不可少的物品，也是客房室内陈设的重要内容。由于布艺在室内的覆盖面积大，因此对室内的气氛、格调、意境等起着很大的作用。在酒店的一些公共空间，布艺往往是点缀。而在客房（尤其是卧室）等私密性较强的空间内，布艺则大面积使用，给人以亲切和温馨的感觉。（图 4.2.5）客房的布艺主要有地毯、窗帘、床罩、沙发蒙罩、靠垫及其他织物，其原料构成分为两类：一类为天然制品，如棉、麻、丝、毛做成的织物；另一类为人造制品，如涤纶、人造丝、玻璃丝、腈纶和混纺织物。其织法和工艺又可分为编织、编结印染、绣补和绘制等。

1. 布艺家具。客房中选择床头为布艺的睡床，可以柔化空间的氛围；再搭配布艺软包背景墙，则能打造吸声效果极佳的卧室环境，为居住者提供良好的睡眠环境。（图 4.2.6）

2. 窗帘。客房窗帘以窗纱配布帘的双层面料组合为多，一来隔声，二来遮光效果好，同时色彩丰富的窗纱会将窗帘映衬得更加柔美、温馨。此

图 4.2.5　客房布艺面积较大

图 4.2.6　客房布艺提供良好的睡眠环境

图 4.2.7　客房窗帘

图 4.2.8　床上布草与房内色彩搭配

外，还可以选择遮光布，良好的遮光效果可以令客人拥有一个绝佳的睡眠环境（图 4.2.7）。窗帘在颜色上应避免花哨，以防给人眼花缭乱的感觉，适宜使用木质百叶帘、素色纱帘以及隔声帘。

3. 布草类用品。床品是客房的主角，其选择决定了客房的基调。无论哪种风格的卧室，床品都要注意与家具、墙面花色相统一。酒店客用床上的布草可分为实用和装饰两部分。实用部分是确保客人睡眠休息所需，含床单、枕套、枕芯、毛毯或被褥、床褥；装饰部分主要用途是美化房间、保护寝具，使房间保持整洁，含被罩、床裙、床尾搭、抱枕套、保护垫等。床上用品的颜色直接会影响到客人的睡眠质量，如粉色、卡其色等暖色调给人以温馨的感觉。酒店的床上用布草主色调通常为白色，床上用抱枕或床尾搭通常用其他亮色或暖色进行搭配，它的花纹多种多样，与房间内的色彩搭配起来给人舒适感。（图 4.2.8）

4. 地毯。选用地毯要考虑以下几个方面。首先，要考虑与饭店的等级、客房的档次相一致。其次，要在材质和色彩上下功夫，体现装饰艺术效果，使客人进入房间有一种舒适、安宁的感受。最后，要考虑场所的特性。客

图 4.2.9　客房地毯力求大方、淡雅（左）

图 4.2.10　客房卫浴布草（右）

房宜选用柔软、富有弹性，保暖、触觉感好的较高档次的纯毛地毯或混纺地毯，色彩最好采用中性色调，图案的样式应力求大方、淡雅。（图 4.2.9）

客房如无满铺地毯，还可配小尺寸的地毯或是脚垫，一般放在门口或者睡床一侧。色彩上，可以将客房中几种主要色调作为地毯颜色的构成要素，色彩多为明亮的无彩色或灰棕色等中性颜色；一般地面颜色较深，为了得到一个统一的效果，地毯也应选择亮度较低、彩度较高的色彩。此外，地毯的质地十分重要。客房相对餐厅、大堂等空间，不太注重地毯的耐磨性，应尽量选择天然材质的地毯，脚感舒适，且在干燥季节不会产生静电，体现高品质的生活。

5. 卫生间布草。卫生间配置布草的基本作用是满足客人的洗浴所需，具体包括方巾、面巾、浴巾、地巾及浴衣，要求吸水性强、耐用，可选择天然纤维的纺织品。（图 4.2.10）

（二）花艺

客房插花一般根据客人不同国籍、不同文化背景等要求，采用不同形式的插花在写字台、茶几、梳妆台、洗脸台等处摆放。客房部的插花应多一点自然的元素，多一点芳香的气息，让客人一进门就能感受到酒店的体贴，让客人能放松身心，一扫旅途的劳累和倦意，变得轻松快乐。例如，设计师把白兰花朵用叶片包裹，放置在房间的某个不引人注意的角落，若隐若现的芳香，犹如远处传来小提琴的琴声，熟悉的芳香唤醒童年的记忆。

客房插花分为标准客房插花和高级套房插花。

1. 标准客房插花。标准客房空间较小，不宜布置西方式插花，东方式的插花或灵活、随意的现代自由式插花比较合适。从花店里购来一种或几种鲜花，直接插在装半瓶清水的玻璃花器里即可。或一把玫瑰，或一把满天星，以单个品种配以少许绿叶均有独到的韵味。但是要注意，客房用花不能挑选有浓香或刺鼻气味的花材。

通常在茶几上放上一瓶小型插花，插花一般不宜太高（图 4.2.11），长条形茶几可以用红玫瑰、康乃馨、满天星、肾蕨插成的水平椭圆形插

图 4.2.11　客房茶几上的小型插花

花；床头柜和梳妆台的镜子旁放上简洁、明快、富有生气的插花，如"L"形、新月形或瓶插花；卫生间可用小瓶单枝插花，配上一些绿叶及小花衬托就可以了（图4.2.12）。

图4.2.12　客房卫生间的插花

2.高级套房插花。高级套房插花一般分为会客室、卧室、书房、卫生间4个类型。会客室的插花要体现主人品位，卧室的插花宜温馨宁静，书房的插花则宜清雅、艺术，卫生间的插花宜洁净。插花的布置与周围环境要统一、协调。

套房花材选择，玄关可以选择直立形花材，如飞燕草、兰花、马蹄莲等。当花的形状和空间相合，客人欣赏到的就不只是一朵花的绽放，而是生长方向、形态和空间融为一体的平衡美感。这里加入一些芳香植物或与VIP果篮（图4.2.13）组合能满室生香，让客人一进门就能感受到迷人的馨香。房间里则可选用一些团块状花材，如玫瑰、牡丹、菊花等，大气华贵，容易成为视觉焦点。

客房插花花器的选择，玄关可以用直立形花器；会客室茶几可选用盘器或自制花器（图4.2.14），如用竹片编成花器放入花朵、水果、坚果，元素丰富，方便客人取用；书房可以是艺术花器，也可以是笔筒等用具；卫生间则可选用玻璃杯或玻璃瓶，显得干净清爽。

客房插花花材与色彩设计非常重要，通常以清淡素雅为主。夏季以冷色调为主，冬季以暖色调为主。花卉的幽香能催人入眠，客房插花时要注意选用此类花卉。

此外，客房区域花卉布置还包括楼层两侧、电话厅、走廊（图4.2.15）等处。这些区域相对来说光线较暗淡，可以选择不受采光限制适合暗光摆放的干花材料，也可以用人造花。

图4.2.13　客房VIP果篮（左）
图4.2.14　客房茶几上的自制花器（右）

图 4.2.15　客房走廊的插花（左）

图 4.2.16　单间的植物（中）

图 4.2.17　角隅置中型植物（右）

（三）植物

客房的绿化设计要根据客房的空间大小，面积较大的客房可选择株型较大的植物陈设于靠墙处，如会客区、电视柜、床铺的墙角处，在局部再布置小型绿化，如茶几上或写字台上，使旅客感到温馨；当客房面积较小时，则只能在一些台面上陈设小型绿化，如床头柜、梳妆台、写字台、茶几、花几等，陈设的植物可为小型盆栽植物、盆景或插花。由于客房集睡眠、休息、工作、会客、盥洗等多功能于一体，而面积相对来说是有限的，因此，客房的绿化布置要尽量以精和巧取胜，即精挑选、巧布置，达到完善空间气氛的作用，不能因绿化设计而妨碍其他功能的正常实施。

客房宜创造宁静、舒适、雅致、温馨和轻松的环境氛围。因此，客房的绿化应选择色彩宁静淡雅、株型清爽疏朗的植物陈设，在局部点缀以小面积色彩艳丽的花卉植物，使空间气氛凝而不滞、静中有动。

单间适合于从事商务旅游人士及夫妻居住；新婚夫妇使用时，又称"蜜月客房"。此类客房的绿化装饰要突出幸福、和谐、温馨的特点，在花艺装饰基础上再配以姿态优美的观叶植物，使整个房间看起来既美观又舒适。（图 4.2.16）

标准间绿化的重点为玄关、床头柜、茶几、飘窗、室内角隅及卫生间等地方。玄关面积较大，常用艺术插花进行装饰；床头柜、茶几上一般以小型盆花为主；飘窗或窗沿上可置悬垂植物；角隅处可摆放柱状绿萝、巴西铁、马拉巴栗等直立中型植物（图 4.2.17），以创造朴素、大方、热情的气氛。

豪华套间的绿化装饰一定要与整个套间及其设施的结构、色彩、比例、质地等相统一，体现"豪华"的特质。植物可选用名贵的花卉，如蝴蝶兰、大花蕙兰、文心兰、鹤望兰等，也可采用高档气派的观叶植物，如国王椰子、富贵椰子、假槟榔、酒瓶兰、瓜栗、富贵竹、造型榕树等。（图 4.2.18）绿化方式可用多种手法，如落地摆放大型盆栽，几架放置盆花、悬垂植物、盆景及植物造型装饰等。此外，在盆栽容器的选择上要尽量选用外观精美、豪华气派的瓷盆或套盆。

客房的绿化应本着简单、纯朴的原则，不宜过多。应以观叶植物为主，植株不宜过大，忌用巨形叶片和植株细乱、叶片细碎的植物。因为这些植物在夜间的形状或影子能使人引起一些联想，影响人的休息、睡眠。

卫生间与浴室绿化，宜选用耐阴湿和闷热的观叶植物或花卉，例如水仙、马蹄莲、绿萝、长春藤、菖蒲、天门冬及蕨类等。（图 4.2.19）

（四）装饰品

装饰品不是生活的必需品，主要用以满足客人精神方面的需求，烘托气氛，增加情趣，点缀空间，调整构图，提高文化品位。客房装饰品按其布置特点，可以分为墙饰品和摆件。

1.墙饰品。墙饰品也称挂饰或补壁。所谓补壁，就是在空荡冷落的墙面上进行某种补充。墙饰品是客房整个布置的一部分，其形式与内容应该与室内环境相和谐。（图 4.2.20）

一般来说，形式的确定主要看客房建筑、家具的风格和陈设状况，例如：传统中式房间要用中国书画和民族传统的工艺类饰品布置；古典西式房间用油画等西式有分量的画或名画布置；现代式房间则用现代派绘画、装饰画及水彩画布置。至于墙饰品的横或竖、单或双、多或少、大或小，应根据客房建筑的格局及家具的摆放等情况来确定。

客房的功能和场合是确定墙饰品内容的关键。书房可选择意境隽永、清新淡雅的作品，而卧室可以用娴雅秀丽、恬静柔和的作品来点缀。

此外，宾客的嗜好、忌讳和宗教信仰是确定墙饰内容的主要依据，以体现"宾客至上"的宗旨。墙饰品的内容选择不当，会让宾客产生不良的印象。

2.摆件。摆件是一种相对挂饰而言的平面安放物品。其中有纯属观赏性质的，有兼实用价值的。客房客用品也是一种摆件，当然主要是实用，但也具有装饰效果。（图 4.2.21）

摆件按内容可分类为古玩、珍贵的自然物、现代工艺品、玩具、纪念品、文房四宝等。布置摆件时需要考虑品种、色彩和质地的搭配以及

图 4.2.18　豪华套间餐厅的植物（左）
图 4.2.19　客房卫生间的植物（右）

图 4.2.20 客房的墙饰（左）
图 4.2.21 客房的摆件（右）

空间的构图效果等。

摆件的品种很多，应该选择什么样的摆件进行布置，要充分考虑客房的功能、装饰风格及客人的兴趣爱好，一般摆放各种小巧精致的艺术品，风格与客房的风格要一致。对于常客或重要来宾，应根据其爱好进行布置，如客人喜爱中国书画，可在客房摆设文房四宝等。

三、客房陈设设计的原则

（一）健康原则

环境直接影响人的健康。沙发、床垫、枕头软硬影响客人的休息和睡眠；毛巾、靠垫、床单材质关系到客人的肌肤是否舒适；花艺和植物对空气、湿度等环境因子有直接影响。因此，陈设设计应尽量阻断各种干扰和影响健康的问题。

（二）舒适原则

舒适原则要考虑到客房空间舒适感、家居装修舒适感和卫生间舒适感。酒店客房空间的舒适感主要由无数主观评价合成，不像声、光、热等有具体的测定数据。因此，酒店应针对不同地域的特点和习惯进行设计。酒店客房空间能反映一定的舒适感，不同等级的酒店，客房空间也不一样，等级越高越宽敞。陈设设计应根据客人心理，在布置上既让人有"家"的感觉，又具有当地特色。酒店客房卫生间要在合适的空间里，通过毛巾、台盆等细节，提高客人的舒适感和满意度。

（三）效率原则

酒店客房陈设设计效率包括空间使用效率和实物使用效率两个方面。空间使用效率表现在酒店客房空间的综合使用以及可变换使用两个方面。提高实物使用效率对设计与经营十分重要，设计应以"物尽其用"为原则，并根据国外经验，结合具体国情制定陈设品的更新时间。

（四）个性化原则

酒店客房个性化陈设，首先要在酒店客房功能设计上体现，在酒店客房功能设计上除了满足酒店客房的基本功能，如休息、工作、学习等，还要在有条件的情况下增加其功能布局，如客房阳台景观布局设计，增加酒店客房的情调。

其次，酒店客房个性化陈设还要求在酒店客房的设计风格上，打破原来单一的酒店客房设计风格。根据酒店客房的户型和消费人群的不同，设计不同的酒店客房风格，如中式、欧式、古典、现代、后现代等，从而打造出一房一景的设计风格，更好地满足各类不同层次的消费者对酒店客房的需求。

最后，酒店客房陈设个性化还体现在人性化设计方面，从酒店定位和主要客户群体考虑，根据实际需要合理安排空间布局。例如：在城市商务酒店设计中，要更加注重酒店客房中工作区的设计，保证办公环境的优越性，如光线、视野等细微元素；在乡村度假酒店客房设计中，要尽量增加休闲功能区的设计，合理配置酒店装饰品，营造出浓郁的乡土气息和自然气息。酒店客房设计需要个性化，是在酒店竞争不断激烈的情况下，为了提高运营效益的一个关键手段。同时也只有做好酒店客房设计，才能够赢得酒店消费者的认同，提升酒店形象。

四、客房陈设设计理念

任何设计都离不开科学、美学，都要考虑到经济性，在酒店客房陈设设计中，同样需要。

（一）科学设计理念

用科学来装饰"家"，合理配置陈设与家具，妥善处理室内通风、采光与照明，并通过色彩的合理搭配来提升空间品质。客房设计应当遵照人们的生活规律，以科学合理的布局，把房间变得清新自然，让顾客在结束一天的繁忙工作后享有专属自己的避风港湾。

如在为客房选购和制作家具陈设时，应该依据人体工程学的要求，不能只重视家具的质量、造型与色彩，应该根据人的活动规律、人体各部位的尺寸和在使用家具时的姿势，来确定家具的结构、尺寸和安放位置。例如，人在休息或读书时，沙发宜软且低，使双腿可以自由伸展，求得高度舒适并解除疲劳；写字时则应坐在与书桌高度适应的椅子上。如果能掌握一些诸如此类的人体工程学和美学知识，在选购或自制家具时，才能使功能性、实用性和装饰性完美地统一起来，这样不但能加强室内装饰的艺术效果，而且能保证客人的身心健康。

（二）美学设计理念

客房陈设设计要以美学原理为依据，无论是客房装饰的形式与造型，还是色彩的组合以及材质的运用等，都要建立在美学原理的基础上，客房陈设是一种创造美的艺术。

首先，形式美法则是创造室内美感的基本法则，是艺术原理在室内陈设上的应用。按照室内陈设的需要，形式美法则的内容主要有秩序、比例、平衡、反复、渐变、强调、和谐与对比、节奏、韵律等。

其次，造型是整体形式中以线形和体形为主要符号所表现的视觉语言，主要包括自然造型和人为造型两个基本范围。从室内陈设来说，无论是一件器皿、一盆插花、一组家具，乃至于整个空间，都各有不同的造型。有的是自然的、有的是人为的，有的组成方形、有的构成圆形，有的肖似客观事物、有的只代表某种观念。这一切都属于造型范围。

最后，室内色彩可以直接影响人的生理和心理活动，可以营造各种环境气氛，满足人们的视觉美感，可以调节室内的光线以及改善室内的空间感觉。因此，色彩处理是室内装饰中的重要组成部分。

（三）经济性设计理念

室内陈设方案的设计需要考虑客户的经济承受能力，要善于控制造价，要创造出实用、安全、经济、美观的室内环境。这既是现实社会的要求，也是室内陈设设计经济性原则的要求。

【思考练习】

1. 酒店客房功能分区及其设计注意事项有哪些？

2. 如何根据酒店客房类型进行植物陈设设计？

3. 简述酒店客房陈设设计原则。

4. 简述酒店客房陈设设计中的美学理念。

【设计实践 4.2】

酒店客房陈设设计。

第三节　餐厅陈设设计

【学习目标】

1. 了解酒店常见餐饮设施；

2. 了解餐饮空间的功能分区；

3. 掌握餐饮空间陈设的内容；

4. 熟悉餐饮空间各类陈设品的作用和功能；

5. 掌握不同类型餐饮空间的陈设设计。

酒店餐饮空间提供消费者轻松愉快的用餐氛围，体现各类餐饮风格与地域特色。随着消费需求的不断升级，富有特色的餐厅陈设为人们带来个性化的服务和多彩的体验感。餐厅陈设设计令人在享用美食的同时沉浸在特定的地域、文化氛围之中，提升酒店的服务环境质量。

一、酒店常见餐饮设施

根据《旅游饭店星级的划分与评定》，各星级酒店应有与其等级相对应的餐饮设施、设备和空间。

（一）中餐厅

我国酒店大多设一至数个中餐零点餐厅提供中式菜肴，主要经营川菜、粤菜、鲁菜、淮扬菜等，装饰主题突出中式风格，使用中式家具，演奏中国民乐，服务人员穿中国民族服装，让客人在用餐过程中体会真正的中国文化。（图 4.3.1）

（二）咖啡厅

为了方便客人用餐、会客和非用餐时间段的餐饮消费，三星级以上酒店都在一楼大堂附近设置提供简单西餐、当地风味快餐或自助餐服务的咖啡厅。咖啡厅的装饰主题以西式风格为主。（图 4.3.2）

图 4.3.1　中餐厅（左）
图 4.3.2　咖啡厅的自助餐服务（右）

（三）高级西餐厅

四星、五星级酒店一般设有提供法式或意大利式菜肴的高级西餐厅。法式餐厅又称为扒房，布置豪华，环境幽雅舒适，富有浪漫情调，背景音乐以钢琴、小提琴、萨克斯管、竖琴等西洋乐器现场演奏为主，餐桌用蜡烛或油灯照明。为了烘托餐厅气氛和体现对客人的个别照顾，部分菜肴、甜点可以当着客人的面烹制、燃焰和切割。（图 4.3.3）

（四）大型多功能厅

大型多功能厅是宴会部面积最大的活动场所，功能齐全，既可以举办大型中餐宴会、西餐宴会、冷餐酒会、鸡尾酒会，还可以根据需要举办记

图 4.3.3 高级西餐厅

图 4.3.4 大型多功能厅

图 4.3.5 小宴会厅

图 4.3.6 特式餐厅

者招待会、新闻发布会、时装展示会、学术会议等。多功能厅可以用活动墙板调节并分隔，以便同时举行不同的活动。（图 4.3.4）

（五）小宴会厅

小宴会厅通常又称为包间，一般可以满足 1~3 桌小型中餐、西餐宴会和其他餐饮活动的需求（图 4.3.5）。每个小宴会厅都有自己的名称，装饰风格根据厅名而异。

（六）特式餐厅

特式餐厅是高星级酒店为了让客人就餐有较大的选择余地，满足人们追求个性化生活、品味异域文化等的需求，开设的主题鲜明、各具特色的餐厅，如啤酒坊餐厅、日本料理餐厅、韩国烧烤餐厅、海鲜餐厅、野味餐厅、泰国餐厅、夜总会餐厅和文化主题餐厅等（图 4.3.6）。该类餐厅的主题为菜单、服装的设计以及餐厅氛围的设计提供了依据。

二、餐饮空间的功能分区

餐饮空间功能分区主要有餐饮功能区和制作功能区。其中餐饮功能区

图 4.3.7　餐饮区门厅的迎宾服务台

图 4.3.8　用餐功能区

是餐厅的接待窗口和形象体现，又可以按细分功能进行分区。

（一）门厅和顾客出入口功能区

门厅的装饰一般较为华丽，在视觉主立面上设店名和店标。根据门厅的大小还可设置迎宾服务台（图 4.3.7）、顾客休息区、餐厅特色简介等。

（二）候餐功能区

候餐功能区是从公共交通部分通向餐厅的过渡空间，可以用门、玻璃隔断、绿化池或屏风来加以分隔和限定。

（三）用餐功能区

用餐功能区是餐饮空间的重点功能区，家具布置使用和环境气氛的舒适是设计的重点。用餐功能区分为散客和团体客用餐席，有 2~4 人 / 桌、4~6 人 / 桌、6~10 人 / 桌、12~15 人 / 桌。（图 4.3.8）

（四）配套功能区

配套功能区包括卫生间、衣帽间、视听室、书房、娱乐室等非营业性的辅助功能配套设施。有些餐厅还配有康体设施和休闲娱乐设施，如表演舞台、影视厅、游泳池、桌球室、棋牌室等。

（五）服务功能区

服务功能区有备餐间、收银台、营业台等。（图 4.3.9）

图 4.3.9　服务功能区

三、餐饮空间的陈设

优美的用餐环境不仅能增进客人的食欲，促进餐饮销售，同时也是表现餐饮文化、突出餐厅特色的重要方式。餐厅的陈设和布置对餐厅主题的塑造有举足轻重的作用，是体现餐厅文化氛围、文化层次高低、雅俗的重要方面，在各个细部处处提醒顾客本餐厅的与众不同。

餐饮场所陈设设计主要集中在餐饮功能区域。前厅、大厅与门厅一般合称为前厅，大厅的功能是出入口、接待、候餐，主要起疏导与集散人流的作用，也为存衣取物、休息或购买等活动提供了必要的室内环境，必要的陈设包含沙发、座椅、茶几、储物柜、摆件以及绿植等装饰；过道，是供顾客通往各层餐厅的水平通道间，一些较有特色的餐厅会将过道部分设计得比较个性，摆放一些休息用的座椅或与主题相符的摆件、装饰画等，特色的灯饰也是不可或缺的装饰；用餐区，包括大厅以及包间等，主要陈设包含了餐桌、餐椅，灯饰、布艺、装饰画、花艺或绿植以及摆件。

（一）布艺陈设

餐厅中的布艺品种繁多，在餐厅室内的覆盖面积大。布艺具有独特的形态、色彩与质感，给人柔和、舒展、温暖的心理感受，因此如果使用得当，将增强餐厅的气氛、格调、意境，同时对空间的软化、表现文化层次等都有很大的影响。餐厅的布艺主要指地毯、窗帘、家具软包织物、陈设覆盖织物、靠垫等。

1. 地毯（图 4.3.10）。地毯的色彩、图案与质地能够美化环境、渲染气氛，并且它还具有吸音、保暖、防滑等优点，在高级餐馆或酒店的餐厅、宴会厅内使用极为广泛。

地毯的原料主要有羊毛、真丝、锦纶、丙纶、腈纶、涤纶等。羊毛地毯较为昂贵，各项性能指标都比较高，所以一般用在规格较高的场合。化纤类地毯可以放在经常踏和易受潮的场所。

地毯的编织大体上可以分为机织和手织两类。机织地毯使用广泛；手织地毯多为羊毛地毯及真丝地毯，在我国主要采取波斯结织法，其花纹精细、艺术性强，但价格昂贵，一般用于餐厅贵宾厅。

地毯有单色、花色之分。单色一般没有图案，但有一种称为素凸式地毯的有立体花纹，而且花纹文雅而高贵，适合布置在要求环境相对安宁、平静的咖啡厅与茶室等。花色地毯图案构成很多，采花式、综合式图案地毯适合铺在会客厅或休息区，能使客人自然聚拢，产生亲切的感觉；条状地毯适合铺在走廊或大厅中，按照人们行走的路线形成连续型图案；在餐厅、宴会厅中满铺的地毯大多采用四方连续型图案，对客人就餐时掉下来的食物有一定的掩饰作用。

图 4.3.10　餐厅地毯

2. 帘幔。餐厅的帘幔主要有窗帘、门帘和帷幔。窗帘不仅在功能上起到遮蔽、调温和隔音等作用，而且有很强的装饰性，窗帘的色彩、

图案、质感、垂挂方式和开启方式都对室内的气氛及格调构成影响；门帘与帷幔是餐厅公共空间内极富有感染力的装饰之一，常常在大空间中成为视觉焦点。帷幔的选料广泛，除了织物外，竹帘、木珠帘、草帘等也都别具风味。

图4.3.11　餐厅覆盖织物（左）

图4.3.12　餐厅工艺品墙饰（右）

3. 覆盖织物（图4.3.11）。覆盖织物包括用于餐桌、餐台等上的桌布、桌裙、台布、台垫等。它们的主要功能除了增加色彩、美化环境外，还有防磨损、防油污、防尘、保护被覆盖物。

（二）墙面装饰陈设

墙饰的种类繁多，现代餐馆或酒店的餐厅内不仅运用各种绘画、书法、装饰画等装饰墙面，还运用各种工艺品、民风民俗日用品及织物、金属等表现文化风情、艺术流派等。

1. 绘画与书法。宴会厅或规格较高的中餐厅以中国书法或绘画为墙饰，现代的西餐厅常以水彩画作为室内主要墙面装饰。

2. 工艺品墙饰（图4.3.12）。工艺品墙饰包括镶嵌画、浮雕画、艺术挂盘、织物壁挂等，风格多种多样，往往比普通绘画更具有装饰趣味。镶嵌画在餐厅中的使用较为广泛，是用玉石、象牙、贝壳和有色玻璃等材料镶嵌而成的工艺画，既有表现古典风格的，也有诠释现代风格的。用于墙面装饰的还有陶制品、瓷盘、弓箭、乐器、草帽、渔网、动物头骨、扇面、风筝等，别具风味。例如，有的餐厅用京剧脸谱作为装饰，极具艺术特色；有的酒吧在墙上挂有蓑衣、斗笠、渔网，具有浓郁的水乡风味。

3. 摄影作品（图4.3.13）。餐厅中的摄影作品可分为艺术性和历史性两种。艺术性摄影主要是静物、风景和人物，强调色彩、构图和意境；历史性摄影是某些历史事实的记载，由于摄影能真实反映当时、当地所发生的情景，因此使用在特式餐厅中能加强主题效果、体现地域特色。

（三）雕塑及摆饰

1. 雕塑（图4.3.14）。现代室内雕塑以立体的艺术增强空间的艺术感，

图 4.3.13　摄影作品装饰餐厅墙面（左）

图 4.3.14　餐厅雕塑陈设（右）

有的雕塑是点缀、陪衬，有的雕塑是主景，都以特有的造型吸引人的注意，也提高了餐厅的文化品位。设在规模宏大的餐厅门厅处的雕塑尺度较大，成为构图中心；设在餐厅、宴会厅内的雕塑尺度较小，有些甚至只是桌上的摆设。

2. 摆饰。摆饰是一种相对于挂饰而言的需要平面安放的观赏工艺品。摆饰品经特定的背景和灯光布置，以突出的艺术效果装饰室内，如陶器、瓷器、木雕等。我国有许多民间工艺品及实用品，如竹编、草编等，还有仿古文物器皿，如仿青铜器、仿古盔甲、兵器、早期电话等。

（四）花艺设计

随着酒店餐饮业的蓬勃发展，顾客也逐步从关注原材料、关注烹调制作、关注健康养生，发展到关注饮食的文化性，即越来越注重消费过程中五官的感受：眼——视觉享受；鼻——嗅觉享受；耳——听觉享受；口——味觉享受；心——心理享受。尤其在一些商务宴请活动及政务用餐活动中，越来越多地采用分餐的方式，餐台中间的花艺设计越发成为餐桌上的一道风景，引人注目，不可替代。

图 4.3.15　餐桌花艺

餐厅插花包括中餐厅、西餐厅、酒吧等场所，根据桌子形状及摆放位置不同，又可分为中餐圆桌插花、西餐长桌插花、小方桌插花、吧台插花、自助餐食品台插花等。餐厅花艺设计的重点是餐桌花艺设计（图 4.3.15）。此外，引导牌、接待台、收银台等处也需要花艺作品布置。大型婚宴、寿宴还包括场景花艺设计与布置。

1. 大型宴会使用的长台。长台因台面较长，采用球形插花，大型长台可将 2~3 盆半圆球形与半椭圆球形插花组合使用，呈"一"字形在台中间排开，周边采用"S"形敷花进行桌饰。插花长度、宽度不超过台面的 1/3，不能影响用餐。可带状布置，点线结合，大小变化，使插花作品富有统一感；也可单盆等距布置。设计应灵活自然多变，不要千篇一律。平日的西式宴会色彩以清淡素雅为宜，白色、粉色、香槟色、绿色等色系均宜；节庆时节，如圣诞节的西餐餐台，则宜红色系列。

2. 宴会使用的圆台。圆形餐桌有主桌、非主桌之分。主桌的插花体量要大，造型可以是圆球型或半球型，色彩应明艳亮丽（图 4.3.16）；非主桌的插花体量要小些，以半球型为主，色彩与主桌统一。应注意餐桌的插花高度一般不宜超过 30 厘米，以免影响客人间的相互交流。花材的选择同样应在统一中求变化，主花应一致。

最近几年，餐桌花艺设计已突破传统的样式，出现了多样化制作的现代花艺手法，还有组合式摆放设计，可结合一些雕刻作品、工艺品或某些实物组景，也可以是相关的一组插花作品。隆重的场合，甚至要考虑嘉宾座椅后背的装饰花，从花材选择到色彩搭配均与桌上花艺相呼应。

图 4.3.16　宴会圆台主桌的花艺

3. 咖啡厅的餐桌（图 4.3.17）。因桌面较小，插花作品宜小，寥寥几枝、随意造型、富有创意的小品花适合放置于此，增添情调，令人细细品评，回味无穷。例如用透明的玻璃器皿来插花，用马蹄莲或粉掌做主花材，勿忘我、情人草和玫瑰及常春藤作衬托，使插花美丽轻盈，如梦似幻，充满了温馨浪漫的美意。

4. 自助餐台插花（图 4.3.18）。自助餐台上也需要适当用鲜花和绿叶来衬托。设计的时候，可以充分利用食品本身的色彩和形状，比如说水果、色拉、西点、刺身、各色饮料等，其本身就宛如一道亮丽的风景，令人赏心悦目，食欲大增。

图 4.3.17　咖啡厅餐桌花艺（左）

图 4.3.18　自助餐台花艺（右）

插花美化、丰富了餐台的造型设计，创造出不同凡响的高雅气氛，但作为核心产品的衬托，在餐台造型设计中运用插花应遵循以下基本原则：一是不阻挡宾客视线；二是不能遮盖餐饮品，插花在颜色上应与餐饮品相协调，花材不宜香味过浓，避免干扰和破坏餐饮品的香味；三是插花器皿的材质、造型、价值应与餐台器具相得益彰；四是插花风格与餐台台面造型、设计风格相吻合；五是讲究卫生，防止食品污染，鲜花应新鲜、无刺、无异味、无病虫害痕迹、无污点和无不洁之物黏附，花器要清洁，忌用有毒花材如石蒜、夹竹桃等；六是插花要与场合、气氛相协调，中式宴会常以暖色调为主，突出宴会隆重、热烈、喜庆的气氛，西式宴会色彩宜清淡、素雅，着意创造浪漫典雅的气氛；七是注意各国用花习俗与忌讳。

（五）植物绿化陈设

植物是现代餐厅内不可缺少的陈设内容之一。植物在餐饮空间中的作用不仅仅是创造宜人的优美环境，还可组织、引导、分隔空间，使空间大而有序、隔面不断，保持空间的连续性和统一性。（图 4.3.19）

1. 餐厅外部绿化。一是突出入口，衬托建筑，美化环境，吸引顾客。绿化创造出一个优美的自然环境，往往比制作一个大广告更有宣传意义与招徕顾客的吸引力。例如，餐厅前庭院种植竹林，精心布置踏石和木制桌椅，在闹市中开辟出一块清雅宜人的自然空间，能吸引许多向往大自然、想要逃离都市喧嚣的顾客。二是遮挡道路上的直接视线，创造安静、隐蔽的环境。三是隔离外部噪声，保持安宁气氛。

2. 餐厅内部绿化。一般在餐厅的入口处配合店面装饰绿化，起加强提示的作用。进入门厅后，可以各种各样的绿化引导顾客到达餐桌（图 4.3.20），如靠墙、柱规则地陈设较大型盆栽植物，或连续性排列陈设盆栽植物，或设花池、植物围栏限定行走路线等。在就餐区域，可根据餐桌布局的需要，按一定间距陈设绿化植物，既增加空间的宜人情调，又便于顾客确认所在的位置。也可用盆栽植物或悬挂绿篱的形式虚拟地围合分

图 4.3.19　餐厅中的绿植（左）
图 4.3.20　餐厅入口的绿植装饰（右）

隔空间，使限定的空间既有私密感，又保持了通透性，便于人们的就餐交流。在餐厅的靠窗处要配合室外景观进行绿化陈设，营造各式各样的就餐情调，如慵懒闲适的热带情调、高贵华丽的享乐情调、宁静高雅的陶醉情调等，使餐厅内外的人都陷入情调的品位之中，提高餐厅的诱人魅力。当餐厅的空间较为高大时，可悬吊绿化，既增添空间的自然气息，又改变了空间的形象，使空间尺度宜人。（图4.3.21）如果餐厅的空间高大而且面积也较大时，可考虑设置中庭园林景观，并依中庭来组织和安排空间布局。

3. 餐厅的绿化陈设的原则。一是餐厅的绿化设计要与餐厅的装饰风格相一致，保持整体的协调性和统一性；二是绿化设计要明确提示或限定空间，使空间组织有序，保持各种就餐活动的畅通无阻；三是餐厅的绿化设计应洁净整齐、清爽宜人，使人处于从容不迫、舒适宁静的状态和欢快的心境之中，以增进食欲；四是餐厅绿化设计要注意选择卫生、安全、无毒的植物，确保就餐的安全。

4. 餐厅绿化植物的选择。大型的观叶植物，配以艳丽多姿的花、叶共赏或观花植物，以烘托热情、豪华、典雅的气氛。例如：在餐厅进门的地方，可摆放一盆大型日本五针松或罗汉松盆景，并用合适的几架衬托，起到"迎宾"之意（图4.3.22）；在墙角摆放大型的橡皮树、棕竹等观叶植物，以显示友谊长存。酒店还可按照园林式的手法绿化、美化餐厅，如在餐厅显眼的地方，砌筑小型水池、置假山石、种修竹，再配以酒坛等，将古代文人墨客最喜爱的竹、石、酒、水四宝汇于一起；也可采用屏风式绿化装饰，配以名人字画、壁画等装饰品，使宾客在清新优雅、古朴大方的气氛中尽情地进餐和联欢。

图 4.3.21　餐厅的悬吊绿化

图 4.3.22　餐厅入口的迎宾植物

四、餐饮空间陈设设计原则

餐饮空间的陈设设计总体原则：一是从经营形式出发，经营形式是餐饮空间陈设创意设计定位的关键，例如中餐或者西餐，所需要的家具款式以及配饰的类型均有所区别；二是将民族习惯、地方特色作为餐饮空间陈设设计定位的重要指标。具体主要有以下几个方面。

（一）家具陈设与空间的硬装风格要尽量统一

由于餐饮空间的主要经营项目是饮食，因此餐厅里的餐台、餐椅、沙发是餐饮空间的主要家具，其数量多、面积大，家具的造型和色彩对确定餐厅的基调起着很大的作用，要与整个室内装饰协调。（图4.3.23）

图 4.3.23　家具与装修风格相一致

（二）根据硬装与家具的风格进行织物搭配

地毯、台布、窗帘、吊帘、墙布、壁挂等款式和材质的选择与家具风格相搭配。例如：中式风格的餐厅搭配带有中式传统花纹的装饰，快餐厅搭配现代感的装饰等。

（三）艺术品摆设烘托餐厅主题

在风格古朴的餐厅，一般用铜饰、石雕、古董、陶瓷和古旧家具；在传统的中式餐厅用中国的青铜器、漆艺、彩陶、画像砖以及书画（图4.3.24）；在主题风味餐厅可选用具有浓郁地方特色的装饰品。

（四）光源的配置要注意显色性

餐饮空间灯饰的配置在突出其重点、划分空间以及调整空间气氛等方面有着重要的作用，餐饮空间的光环境大多采用白炽光源，具有较强的显色性，不致改变食物的颜色，而彩色光源则相反，因此采用彩色光源要慎重。

（五）花艺绿植不影响餐厅使用功能

在餐饮空间中，为了表达某个主题，或是增加室内气氛，经常在一些不影响使用功能的所谓"死角"设计室内景观，例如等候区的角落、走廊的尽头等，花艺绿植的色彩、形态，都应以丰富餐饮空间的视觉效果为出发点（图4.3.25）。需要注意的是，餐饮场所的花艺适宜选择没有浓郁香味的品种，浓郁的香气会影响人的食欲，特别是放在用餐区的花艺更是如此。

五、不同类型餐饮空间的陈设设计

餐饮空间根据规模可以划分为高级宴会餐厅、主题餐厅、快餐厅、西餐厅，以及小型综合型餐厅，如咖啡厅、茶吧等，不同类型的餐饮空间陈设物的款式、色彩及质地应有所不同。

（一）中餐厅的陈设设计

中餐厅的陈设设计以中国传统风格为基调，结合中国传统建筑构件，如斗拱、红漆柱、雕梁画栋、沥粉彩画等，经过提炼，塑造出庄严、典雅、敦厚、方正的陈设效果，同时也通过题字、书法、绘画、器物，借景摆放，呈现高雅脱俗的境界。此外，巧用中式多宝槅、大红灯笼等，都能孕育出浓郁的中国传统风。（图 4.3.26）

（二）西餐厅的陈设设计

进行西餐厅的陈设设计时，要符合经营菜肴的国家的装饰特征，要与某国民族习俗相一致，充分尊重其饮食习惯和就餐环境需求。欧美的餐饮方式强调就餐时的私密性，进餐时桌面餐具比中餐少，常以美丽的鲜花和精致的烛具对台面进行装点。

西餐厅的陈设设计常以西方传统建筑模式如古老的柱饰和门窗、优美的铸铁工艺、漂亮的彩绘玻璃及现代派绘画、现代雕塑等作为主要陈设内容，并且常常配置钢琴、烛台、别致的桌布、豪华的餐具等，呈现出安静舒适、优雅宁静的环境氛围，体现西方人的餐饮文化。

为了注重私密性，西餐厅经典的布置方式是利用沙发座的靠背形成比较明显的就餐单元，这种 U 形布置的沙发座，常与靠背座椅相结合，是西餐厅特有的座位布置方式之一。同时利用

图 4.3.24　中式餐厅选用中国画艺术品（左）

图 4.3.25　餐厅花艺装饰丰富空间视觉（右）

图 4.3.26　中餐厅陈设

绿化槽搭配各种玻璃来形成隔断也是西餐厅的一大特点，围合的私密性程度可根据玻璃品种来决定。除了家具的款式及布置具有私密性外，灯具的布置也会根据明暗程度来创造私密性，有时为了营造某种特殊的氛围，餐桌上还会点缀烛光，创造出强烈的向心感，从而产生私密性。

（三）高级宴会厅的陈设设计

高级宴会厅的陈设设计要讲究气势、富丽、华贵、明亮并具有热烈的氛围。根据承办用途的不同，陈设的布置也不同。若用作商务宴会和会议，则比较正式，陈设的布置要切合活动主题，根据宴会的具体风格是中式还是西式，来确定陈设的款式及主体色彩，随后搭配花艺以及各种装饰；若承办婚宴，则比较浪漫，可选择白色、粉色、紫色的软装饰，花艺、气球是烘托气氛的重要部分，应着重设计。（图 4.3.27）

（四）主题餐厅的陈设设计

愤怒小鸟主题餐厅、足球世界主题餐厅以及近年来非常流行的民俗餐厅等都属于主题餐厅的范畴。主题餐厅的室内装饰是以某一主题作为设计出发点而进行设计的，围绕着主题进行布置即可。例如海盗主题餐厅，可采用蓝色系装饰，桌椅可采用古船木等具有沧桑感的材料，还可以直接将包间设计成船舱的形式，而灯具、装饰、花艺等也都要围绕这一主题，再将船锚、船桨、麻绳、鱼等装饰挂件挂在墙上。

（五）风味餐厅的陈设设计

风味餐厅比较复杂，要根据地方特点、配餐需求和功能需求来合理设置，如设海鲜柜台、熟食柜台，有地方节目演出的还需设小舞台。而陈设艺术方面的构想更为重要，熟悉风味餐饮的特点，了解地方风土人情，配合当地雕塑、陶瓷器具、特制趣味灯饰等，巧妙安排，力求给就餐者留下深刻美好的印象。（图 4.3.28）

图 4.3.27　高级宴会厅陈设（左）

图 4.3.28　风味餐厅陈设（右）

例如：我国江南以"山清水秀"著称，民居白墙黑瓦，小桥流水，具有自然、秀丽、朴素之美，餐饮环境设计可以借鉴这一地域特色；而北国

风光，长白山密林里的餐厅，可以将当地的木材、猎户的战利品等悬挂在墙壁上，会塑造美的环境，展现粗犷之美、阳刚之气。

（六）小型综合性餐厅的陈设设计

小型综合性的餐厅可以进餐，也可以在下午茶时间享用咖啡或者茶水，如酒店的咖啡厅。在设计此类型的餐厅时，可以将收银台和吧台结合起来，摆放几张吧椅，而后搭配一些符合主题氛围的吊灯、装饰画，陈设设计上不需要过于复杂，舒适、休闲即可。

色彩搭配可以欢快一些，以暖色为主，可以提高人的进餐兴趣，使人感到温馨，促进人们交谈的欲望。陈设的色彩设计是此类餐厅重要的部分，可以先根据整体风格确定陈设的总体色彩基调，然后再针对不同区域的功能来设定局部的陈设色调，处理色彩关系一般是根据"大调和、小对比"的基本原则。在缺少阳光利用灯光照明的区域，可以采用明亮暖色的陈设，以调节亮度，塑造温暖气氛，增加亲切感；在阳光充足和温暖的区域可增加淡雅色陈设品的数量。

【思考练习】

　　1.酒店常见餐饮设施主要有哪些？其功能、特点是什么？

　　2.简述酒店餐饮空间的功能分区。

　　3.酒店餐饮空间陈设主要集中在哪些区域？

　　4.列举酒店餐饮空间陈设用品。

　　5.简述植物在酒店餐饮空间陈设中的作用。

　　6.简述主题餐厅陈设设计。

【设计实践 4.3】

中餐宴会台面陈设设计。

第四节　休闲娱乐空间陈设设计

【学习目标】

　　1.了解酒店常见休闲娱乐项目；

　　2.了解不同休闲娱乐空间的陈设设计；

　　3.掌握休闲娱乐空间的陈设设计方法。

休闲娱乐活动最早在酒店只是作为附属项目而存在，有些酒店将其归属于前厅部、客房部或者餐饮部。随着顾客对休闲娱乐的需求不断提高，尤其随着休闲度假酒店的兴起，人们足不出户就可以享受各种生活乐趣。为了满足客人的需求，酒店设立了休闲娱乐部门或休闲娱乐中心。随着时代的进步、文明的发展以及生活质量的提高，促使人们不断追求新的、健康的休闲方式和娱乐形式，康体项目在酒店休闲娱乐中的地位越来越高，休闲娱乐空间场所成了现代人特别是年轻人重要的精神放松场所。

休闲娱乐空间是一个动态的空间，在这里不需要严谨的秩序、规范的动作，完全是一个轻松活泼、文化艺术氛围浓郁的环境，通过光影与色彩的作用，调动一切空间形态，刺激视觉、愉悦感官、兴奋神经，诱发人们在休闲娱乐环境中发泄情绪。通过有创意的设计，创造一个具有时代特征的文化娱乐空间，并传播一种提高艺术修养、陶冶审美情趣的现代休闲娱乐方式。

一、休闲娱乐活动的分类

酒店的休闲娱乐活动主要在室内进行，起初是一些较为单一独立的活动项目，例如健身房、游泳池、桑拿洗浴、夜总会等单体项目。随着人们对休闲娱乐需求的不断增多、要求的不断提高，以及休闲娱乐设施设备的不断完善，酒店休闲娱乐活动的内容也开始变得丰富起来，逐步形成康体保健类、运动健身类、娱乐休闲类三大活动类型，其中又包含各种子项目。例如，当桑拿洗浴不能满足人们日益提高的康体保健需求时，酒店开始增加温泉水疗、足部按摩、美容美发、日光浴等多种保健项目；同时，随着康乐活动走向高端化的趋势，有些酒店开始增设户外康乐类项目，如高尔夫球场、海上冲浪等。

（一）康体项目

康体项目就是人们借助一定的康体设施设备和场所，通过自己的积极参与，达到锻炼身体、增强体质目的的项目；是具有代表性、易于被人接受、趣味性强的运动项目。需要强调的是，康体项目不是专业的体育项目，而是一种休闲体育运动项目，摒弃了体育运动的激烈性、竞技性，以不破坏身体承受力为前提，具有较强的娱乐性、趣味性。如健身中心、保龄球室、台球室、乒乓球室、网球场、高尔夫球场、室内游泳池等。

（二）娱乐项目

娱乐项目就是指人们借助一定的娱乐设施设备和服务，使客人在参与中得到精神满足、得到快乐的游戏活动。娱乐项目因其门槛低、趣味性和参与性强，以及能够给人们带来精神上的愉悦感，成为人们喜爱的消费方式。

酒店作为一个微缩的社会，其客人来自各行各业，娱乐需求也因人而异。康乐中心在提供娱乐项目时，需要分析客人的消费需求，综合考虑酒店的具体情况、所在地的人文历史以及开设娱乐项目的背景等，设立歌舞厅、棋牌室、电子游戏厅、酒吧、夜总会、电影院等。

（三）保健项目

大部分旅游涉外饭店在为顾客提供保健类活动时，由于受经营空间的影响，在经营过程中更侧重于休闲保健。保健项目就是指通过服务员提供相应的设施设备或服务作用于人体，使顾客达到放松肌肉、促进循环、消除疲劳、恢复体力、养护皮肤、改善容颜等目的的项目。休闲保健的经营项目，既有我国消费者喜爱的传统保健项目，如按摩、刮痧、足疗、经络排毒等；也包括传统保健项目与西方保健项目结合后涌现出来的水疗、美容美体、茶疗等内容。

二、休闲娱乐空间的陈设设计思路

随着经济水平、文化层次的提高，人们在紧张的工作学习之余对休闲娱乐环境的需求越来越大，要求也越来越高。休闲娱乐空间氛围的热烈、活泼、刺激和安静、轻松、优雅，主要由空间功能自身的特点决定。

（一）歌舞厅的室内陈设设计

歌舞厅的设计以活泼为主，它可以造型奇特，大胆幻想，色彩对比强烈，材质丰富，装饰手法多样，所以陈设艺术设计的方法也丰富多彩，是设计师充分发挥才干的用武之地。在艺术处理上和其他娱乐空间一样要进行造型、色彩、质地的设计，多种陈设物的摆放，要进行深入细致的研究。室内陈设用品设计可以大胆幻想，利用灯光、材质、放大的形体尺度和软装饰营造陈设，创造造型奇特、色彩强烈、材质丰富的环境，使之呈现出一种五光十色、惊艳缤纷的迷离气质。

歌舞厅的室内陈设设计的要求与特点大致可以归纳为以下几点：第一，陈设用品设计的风格要根据经营理念、顾客群体、风格主题的不同，树立与众不同的个性特征，或是金碧辉煌，或是简约高雅，或是神秘怪诞；第二，陈设用品设计的表现形式不必拘泥于现有的造型和手法，可依据自身的风格定位进行大胆的、标新立异的突破，重视新材料、新工艺、新形式的运用，充分体现现代娱乐休闲场所的时代精神；第三，强调高品质的视听效果，这一效果要求墙面装饰使用织物与填充棉制作的软包；第四，通过醒目的界面指示标志增强空间路线的可识别性。

大厅中常用的陈设有沙发、茶几、灯饰、花艺、装饰画、摆件等，走廊中常用的陈设有地毯、灯饰、花艺以及装饰画。灯光的亮度要适中，以使人能够看清道路为佳；通常地毯能够起到静音的作用；花艺通常摆放在包间的门与门之间或者走廊尽头，起到活跃氛围的作用，为了保养方便可以使用干花或仿真花替代鲜花，建议选择比较高大的款式。

包房中常用的陈设有卡座、沙发凳、茶几、灯饰、装饰画、工艺品、花艺等。座椅和茶几的颜色可整套搭配；装饰画、花艺和装饰品的色调可

图 4.4.1　洗浴中心

以跳跃一些；墙面装饰建议采取延续性的图案和花样，这样能够增强空间的立体感。

（二）洗浴中心的室内陈设设计

洗浴中心是 20 世纪 90 年代以后才在我国城市逐渐发展起来的一种集沐浴、健身、休闲于一体的高级休闲场所。洗浴中心的室内陈设设计要通过整体风格的定位和对应细部装饰的造型营造高贵大方、休闲轻松的氛围。（图 4.4.1）

设计时，首先要注意接待厅的陈设要求豪华、大方，等待区的家具陈设从色彩、造型到材质都要给人们以松弛、温和的印象。其次，湿区是洗浴中心的重点功能区，包括淋浴间、按摩池、桑拿房、蒸汽房、台式洗浴区以及牛奶浴、药浴等特殊洗浴区。这个区域的陈设用品设计要求整洁卫生、色彩温和，在细部装饰上选择天然岩石、木材、藤艺等材质能使人们更加放松。再次，休息区一般占洗浴中心总面积的 40%~70%，是陈设设计的重点之一，要求整体环境优雅、空气流通、光线柔和、温度适宜。休息区的家具陈设在符合人体工学的基础上要适当宽松，给人以舒展、平缓的感受；植物的选择以耐高湿且对光照和通风要求不高的植物为主；设置电视或投影，能增加休息区的娱乐功能。最后，陈设用品要针对男女性别的不同来设计，从色彩、材质、艺术品的设置、植物的选择等诸多方面进行考虑。比如，女宾淋浴隔断使用红紫色系的渐变，男宾淋浴隔断采用与之相对比的蓝绿色系的渐变；女宾按摩室可采用花卉作点缀，比如兰花、百合等体现女性纯洁娇美特征的植物，而男宾按摩室则可采用线条利朗的观叶植物，比如万年青、橡皮树等。

（三）酒吧的室内陈设设计

酒吧是公众休息、聚会、品味酒水的场所，一般配备种类齐全和数量充足的酒水、各种用途不同的酒杯和供应酒品必需的设备及调酒工具。酒店内常见的酒吧种类有：

1. 主酒吧。主酒吧又称英美式酒吧（图 4.4.2）。客人可以直接面对调酒师坐在吧台前，调酒师的操作和服务完全在客人的注视下完成。主酒吧装饰典雅、格调别致，通常下午开始营业至次日凌晨，体现酒店酒水服务的最高水准。

2. 酒廊。酒廊一是设在酒店大堂一侧，又称大堂吧，主要让客人暂时休息、会客、等人或等车时喝饮料；二是夜总会酒廊，通常附设于饭店娱乐场所，向客人提供各类酒水、饮料和小吃果盘等。

3. 服务酒廊。服务酒廊设在各类中、西餐厅中，主要为就餐客人提供酒水服务。（图4.4.3）

图4.4.2　主酒吧（左）
图4.4.3　服务酒廊（右）

4. 宴会酒吧。宴会酒吧是根据宴会的形式、规格和人数临时设立的酒吧。宴会酒吧变化多样，常设置于鸡尾酒会、冷餐会等主题餐饮活动中。

5. 其他类型。其他类型如游泳池酒吧、茶座、花园酒吧、客房小酒吧等。

酒吧是近几年受西方文化影响在我国兴起的一种娱乐休闲场所，是一种以品尝冷食、小吃、西式点心、饮料和酒为主的休闲环境。其精神功能是为人们提供一个社会交际和休闲娱乐的场所，并逐渐形成了一种独特的酒吧文化。因此，酒吧的陈设用品设计应尽量轻松、随意，在风格上主要追求异国情调。酒吧一般分为静吧和闹吧两种，静吧强调的是一种高雅、宁静的格调；而闹吧强调的是一种活泼的氛围，其室内色彩常常是对比强烈，界面多装饰以各种具有异域特色的文字、工艺挂件、绘画等，给人以强烈的印象。（图4.4.4）

酒吧室内陈设用品设计的要点主要是：第一，酒吧的陈设要有明确的设计主题（往往与酒吧的名称有着密切的关系），再针对主题展开叙事性的装饰设计，从而创造出特定主题下亲身体验式的空间氛围来刺激客户进行消费。第二，可以通过各种隔断和墙体创造弧、折、实、虚等不规则的空间，打破平行、垂直风格的沉闷感，营造个性化的感性空间。第三，考虑到酒吧多在夜间营业，应把灯光布置作为设计的一个重点。酒吧的照明不宜太亮；除吧台和制作台光线较亮外，其他环境的光亮度应较弱。桌面应配置局部照明，如烛灯。另外，酒吧的顶部不宜大面积采光，一般采用作为次光源的暗槽灯、壁灯来构成柔和略暗的色彩基调。酒吧灯具的造型可以千奇百怪，采用各种具象形或抽象形为外观，以渲染娱乐氛围。在演艺区强调灯光闪动、变幻的动感魅力，在吧台区注重灯光柔和朦胧

图4.4.4　酒吧的装饰

的效果，在工作区则要求灯光明亮。第四，座席区的家具陈设布局要充分考虑人的领域心理和最佳的人际交流距离，避免吧台间位置相临过近造成的心理不适。第五，通过醒目的界面指示标志增强空间路线的可识别性，以保证在发生意外情况时能迅速安全地疏散顾客。

（四）茶室的室内陈设设计

茶文化在中国具有悠久的历史，是中国传统文化的重要组成部分，茶艺、茶道同样也受到许多现代人的青睐，人们在茶室中休闲、娱乐、进行社交活动，从而使茶室越来越成为人们进行交流的重要场所。由于时代的变迁，茶室的装饰风格也变得多种多样，归纳起来，主要有以下两种。

1.传统地方风格。这种风格的茶室由于建筑本身就具有明显的地方特色，室内设计大多也具有相同的风格。这类风格的茶室着力体现地方性，多采用地方材质进行装饰，如木、竹、漆以及石材等。应保留这一特性进行陈设，如采用竹编或木制灯具，采用地方工艺品或条轴字画进行装饰（图4.4.5）。茶室在空间组合和分隔上应具有中国园林的特色，曲径通幽可以用在对人流的组织上，应尽可能避免一目了然的处理方式，遮遮掩掩、主次分明正是茶室的主要空间特色。

2.都市现代风格。这种风格的茶室在装饰材质上和细部上更加注重时代感。如大量采用玻璃、金属材质、抛光石材和亚光合成板，这些材质本身就体现着强烈的时代特征。顶棚也采用比较简洁的造型，结合反光灯槽或透光织物进行设计，增强了空间气氛和情调。（图4.4.6）

（五）室内游泳池陈设设计

室内游泳池设计应美观、大方，池边满铺不浸水绿色地毯，设躺椅、座椅、餐桌，用大型盆栽、盆景点缀其间。游泳池门口设注意事项、营业时间、价格表等标牌，标牌应设计美观，有中英文对照，字迹清晰。

对于一些使用时间较长的室内休闲娱乐项目，环境往往显得老化、陈旧，整体氛围灰暗，很多老式酒店都有这样的问题，可通过对环境氛围的更新来实现创新。如对使用年限较长，地面、墙壁、玻璃出现老化的室内

图4.4.5 中式茶室（左）
图4.4.6 都市现代风格茶室（右）

游泳馆，可通过地面瓷砖的更换、墙面作画与
垂直的生态化景观改造、泳池周边休憩座椅的
重新布置，以及泳池内部瓷砖的重新设计来提
升整体环境，营造全新的游泳运动氛围，实现
游泳馆的整体更新。很多酒店在设计室内休闲
娱乐时，并不注重整体环境打造，显得相对单调。
对于这种情况，酒店可结合项目自身特点，用
陈设品营造独特的环境氛围，让人有身临其境
的感觉，如海水游泳馆，就可以利用壁画、植
物充分彰显海的特点。（图 4.4.7）

图 4.4.7　游泳池

三、休闲娱乐空间的陈设设计方法

　　休闲娱乐空间各个功能分区的陈设设计同样离不开空间界面的处理，
并且空间每一处界面都要进行设计。光与影的相互交错，点、线、面的合
理配置，良好的空间尺度，营造出一幅饱满的画面。要先从空间界面入手
来看部分陈设品的布置和选择。在对地面、墙面和顶棚进行设计时必须从
整体空间考虑并注意与各个空间的配合，突出空间的休闲娱乐的特点，让
置身于这个空间的人们产生或兴奋、或愉悦的心情。

（一）休闲娱乐空间不同界面的处理手法

　　1. 休闲娱乐空间地面的陈设。入口及自动扶梯、楼梯处以及空间中
的主要通道地面必须考虑防滑、耐磨、易清洁等要求，每个空间都可以用
纹样处理来单独划分空间或局部装饰。使用的材料和颜色可以不同，高档
KTV 的地面还可以配上地毯。对地面的装饰处理是用不同材料对地面进
行铺装，再配以不同颜色的灯光，可以使整个空间产生奇妙的效果。

　　2. 休闲娱乐空间顶棚的陈设。休闲娱乐空间的顶棚非常重要，不仅要
造型漂亮，还要与灯光相互配合，如 KTV 的顶棚。当各种灯同时开启的
时候配以动感的音乐，整个空间都交融于一体，顶棚将会给人无穷无尽的
迷幻之感。（图 4.4.8）

图 4.4.8　Alila Villa Uluwatu
光影交织的酒吧顶棚

　　顶棚的装饰风格也不尽相同，欧式风格的
KTV 顶棚一般装饰很多墙线或画一些类似油画
效果的作品，中式风格的顶棚一般是简单的吊
顶或是带有中土元素风格的造型，现代风格的
顶棚一般用很多玻璃或镜子进行折射等。

　　3. 休闲娱乐空间墙、柱面的陈设。墙和柱
面除了简单地使用乳胶漆等涂料涂刷或喷涂处
理外，这个空间界面是需要花费设计最多的地

方。墙和柱面的设计风格可以根据室内的整体风格进行立面的装饰物品设计，如挂画、装饰灯具、暗藏灯光等装饰手段（图 4.4.9）。在精神功能要求较高的文化娱乐环境中，空间立面的现代抽象符号、神秘的光效气氛，都将成为感染人的因素。现代人生活在大量人造形态的包围之中，人们不断地被这些人造形态的形与影所激发，在唤起情感的同时，也相应地把内心情绪抒发在这些特定的空间形态之中。

（二）休闲娱乐空间陈设设计元素的处理手法

1.绿化类。在休闲娱乐空间中，绿化是不可少的。在主入口处可以用真的植物；一般在包房或是走廊通道中用假的植物，因为当晚上灯光都开启的时候，这些植物会失去它本身的颜色。（图 4.4.10）

2.雕塑、陶艺、挂画、小品类。不同的休闲娱乐空间对雕塑、陶艺、挂画、小品类的要求均有不同，因此挑选时也要用心。墙面可以采用大尺度的装饰挂件，在物体的象征性、寓意性与表象之间筑起联想的桥梁，激发人的情感，增强文化娱乐空间的感染力。（图 4.4.11）

3.织物类。织物在休闲娱乐空间是不能缺少的，如窗帘、沙发套、抱枕等，都可以给空间带来愉悦舒适感。（图 4.4.12）

图 4.4.9　酒吧墙面装饰

图 4.4.10　酒吧的植物点缀

图 4.4.11　茶室的装饰小品

图 4.4.12　健身空间的织物装饰

　　KTV 的布艺设计往往比较华丽，主要体现在鲜艳的色彩以及烦琐的工艺之中。在大堂中可见精美的帐幔，沙发的材质往往为丝缎，上面还会镶嵌人工水晶、宝石等装饰品；铺设在走廊中的地毯，可以结合整体风格选择颜色及花纹，若带有指向性的标志或花纹则最佳；KTV 的包厢中大多也铺有地毯，可以起到静音作用，色彩上以深色或带有繁复图案者为最佳；另外，会在卡座上放置若干抱枕，为顾客提供舒适的体验。

　　酒吧设计一般比较新颖，所以陈设要给人视觉上的冲击。应该注意的是，由于酒吧的光线一般较为昏暗，因此布艺织物的色彩在吻合整体空间基调的同时，可以适当运用鲜亮的色彩。酒吧中的布艺织物装饰主要体现在卡座区，这一区域中最主要的家具为不同类型的沙发、桌椅等，与之配套的布艺装饰常见的是抱枕，有时也会在桌面铺设桌布，或将餐巾折叠好放在杯子内。吧台区的布艺装饰还常见装饰挂旗和帷幔等。

　　休闲娱乐空间的陈设设计是一门综合艺术，通过对空间的造型设计、色彩基调、光线变化、照明、气氛以及空间尺度等的协调统一，借鉴一些形式美的陈设品和艺术手段进行加工处理，最终把休闲娱乐空间的氛围烘托得更轻松、愉快，更具文化性和艺术性。

【思考练习】

　　1.酒店常见的休闲娱乐活动有哪些？

　　2.酒店歌舞厅的室内陈设设计的要求与特点有哪些？常用的陈设用品有哪些？

　　3.简述茶室的陈设设计风格。

　　4.简述织物在 KTV 中不同部位的陈设设计。

　　5.简述休闲娱乐空间中不同界面的处理手法。

【设计实践 4.4】

　　酒店茶室陈设设计。

第五节　会议空间陈设设计

【学习目标】

　　1.了解酒店常见的会议类型；

　　2.掌握会议空间陈设的元素；

　　3.熟悉会议空间的具体陈设布置；

　　4.掌握会议空间陈设的设计原则。

会议活动是科学与艺术的结合体。对于一个"成功的会议"而言，除了嘉宾演讲水平很高、内容很受用，抑或是其流程很好、服务很到位，最重要的原因是其现场设计、布置、安排很棒，是"艺术"创造的功劳。一场"精彩的会议"的陈设不是可以用一个模板把它轻易框住的，而是需要根据内容做出合适的、有创意的陈设布置。

中国消费水平不断提高，消费者的审美意识与审美能力也不断地往上升，会议怎样才能变得更美、更让人喜爱？会议的场景与体验是成功的基础之一，绝大部分会议是要通过一定的场景把文化理念提供给参会客人，而参会客人则是通过细节体验获取这些服务的。这就是会议陈设的效果，它取决于客人在体验过程中对于细节的感受。也就是说，客人在特定场景下的细节感受决定了会议陈设的成与败。虽然人们的感受是主观化的，但影响人们主观感受的场景和体验细节则是相对客观并量化的。

会议空间陈设包括会场整体座位格局的选择，主席台与场内普通参会者座次的排列，会场内横幅、标语、花卉陈设等许多方面。会议空间陈设就是要根据会议性质与要求营造出和谐、美观、舒适与庄重的氛围，体现会议的主题和气氛。因此，会议空间陈设是会议服务的一个非常重要的方面，通过对会场格局的选择、会场内座次的排列、会场内各部分的具体布置，掌握会议空间陈设的一般工作流程。

一、会议的类型

（一）根据举办单位划分
公司类会议、社团协会类会议、其他组织会议。
（二）根据会议的规模划分
小型会议、中型会议、大型会议、特大型会议。
（三）根据会议的性质和内容划分
年会、专业会议、代表会议、论坛、座谈会、讲座、研讨会、专家讨论会、专题讨论会、培训会议、奖励会议、其他特殊会议。
（四）根据会议活动的特征划分
商务会议、政治性会议、展销会议、文化交流会议、度假型会议、学术会议。
（五）新式会议类型
玻璃鱼缸式会议、辩论会、角色扮演、网络会议。

二、会议座位格局安排

会议的成功不仅需要精心安排的会议议程和良好的会议设施，还需要使整个会议活动能在会场内有效地进行。会场布置的关键在于对已有会场空间的充分、合理利用，强调通过调整室内家具、设备的位置，减少视线障碍，有效利用空间，提高空间的使用率。

（一）会场整体座位格局的类型

会场整体座位格局是应对会场内桌椅的摆放形式呈现的，它是由会议的性质与会议的规模和需要所决定的。

1. 小型会议座位格局。小型会议座位格局采用全围式，是指会议领导和与会者共同围坐在一起，而不单独设立主席台。这样体现的是平等和相互尊敬的精神，有助于与会者之间互相熟悉、了解和不拘形式地发言，使与会者能畅所欲言，充分交流和沟通，形成融洽、合作的气氛。这种格局适合召开小型会议，如座谈会、交流会、协调会等，常采用的格式有长方形、"回"字形、圆形、椭圆形、六角形、八角形等。（图4.5.1~图4.5.8）

无论是采用以上哪种类型来安排座位，最好都要确保座位之间留有至少一臂长的间隔，这样会使与会者的个人行为不至于影响到其他人。与会者较多的会议，摆放桌椅时要尤其注意留出适当的距离，方便与会者进出。另外，注意桌椅的摆放位置，避免与会者直接受到太阳的曝晒。

2. 中大型会议座位格局。中大型会议座位格局一般有三大类。

（1）礼堂（剧院）型。即上下相对式，指的是会议主席台和与会代表席采用上下面对面的形式，突出了主席台的位置。因此，会场气氛显得严肃、庄重，适合于召开大中型的报告会、总结表彰会和代表大会等。礼堂（剧院）型格式一般有大小方形、"而"字形。（图4.5.9、图4.5.10）

（2）半围式。这种格局介于上下相对式与全围式之间，即在主席台的正面和侧面安排代表席，形成半围的形状，既有相对主席台的严肃、庄重，

图4.5.1　小型会议座位格局——长方形

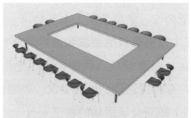

图4.5.2　小型会议座位格局——"回"字形

图4.5.3　小型会议座位格局——圆形1

图4.5.4　小型会议座位格局——圆形2

图4.5.5　小型会议座位格局——椭圆形1

图4.5.6　小型会议座位格局——椭圆形2

图 4.5.7　小型会议座位格局——
六角形

图 4.5.8　小型会议座位格局——
八角形

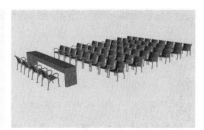

图 4.5.9　中大型会议座位格局——
大小方形

图 4.5.10　中大型会议座位格局——
"而"字形

图 4.5.11　中大型会议座位格局——
半围式

图 4.5.12　中大型会议座位格局——
分散式

又有两侧半围的融洽。这种格式一般有桥形、半月形、T 字形、马蹄形等。（图 4.5.11）

（3）分散式。又称星点式，指的是将全场座位分解成由若干张会议桌组成的格局，每张会议桌形成一个中心，与会者根据一定规则，即以面门为上、居中为上、远门为上、以左为上等规则就座，其中会议领导就座的桌席称为"主桌"，其他桌席以此为标准按序排列。这种座位格局在一定程度上能突出主桌的作用；同时，又给与会者提供多个谈话、交谈中心，会场气氛较轻松、活泼。这种格局适合于召开规模较大的联欢会、茶话会、团拜会等。（图 4.5.12）

（二）会场整体座位格局的要求

1. 会场的大小与人数。会场的大小与人数是制约会场座位格局设计和安排的两个重要因素。在设计和安排座位格局之前，应事先对会场进行实地考察，从与会者人数及会场内必需的活动空间和安全性等多方面综合考虑，确定会场整体座位格局和疏密程度。

2. 体现会议性质与目标。不同座位格局所产生的会议氛围和心理效果是不同的，要根据会议的性质与要求选择与其相适应的座位格局。比如，座谈会一般采用全围式的座位格局，与会者围坐在一起，使会议气氛比较融洽，大家畅所欲言，能体现座谈会的要求。

三、会议空间陈设的元素

（一）会标

会标是指会场内面向与会者、以展示会议名称为主要内容的关于会

图 4.5.13   会标（左）
图 4.5.14   会徽（右）

议信息的文字性标志（图 4.5.13）。一般会标以横幅的方式悬挂于主席台后上方，也可以用计算机制成幻灯片，用投影仪映射到屏幕上。颜色一般为红底白字或蓝底白字，前者使用于比较喜庆类的会议，后者使用于较严肃、庄重的会议诸如学术性会议。会标的制作要求：一是醒目，具有较强的视觉冲击力；二是和谐，整体效果要与会议主题、性质相一致；三是全面，要尽可能体现会议的主要信息，会议名称、组织方、承办方、会议时间、地点等其他信息。

（二）会徽

会徽是体现或象征会议精神的图案性标志，一般悬挂于主席台屏幕中央，形成会场的视觉中心，具有较强的视觉冲击。（图 4.5.14）

（三）会议背景板

会议背景板是指安装在会议现场的背景板，用以确定会议基调，展示会议主题、主办单位等信息。背板设计直接影响到会议的效果，一般情况下，背板设计应符合会议的性质，不可过于沉闷，总体上应遵守严谨、高端的原则，同时尽量契合、表现会议主题。例如 2010 年国际花园城市竞赛，背景板以会议的会徽为主画面，上部以白色弧形压顶，其上中间覆盖椭圆形蓝底白字的会议名称，两侧分别点缀主办单位国际环境规划署、芝加哥城的徽标。（图 4.5.15）

图 4.5.15   会议背景板

（四）桌椅与台布

大型高级别的会议，要根据会议的整体色彩要求选用适合的面料对桌椅进行布置，如桌布或椅套。桌布要根据会议的性质选择质地精良、色彩明快的平绒布或丝缎织品等；一般而言，桌布的尺寸以在会议桌上铺好后距离地面 1~3cm 为宜。（图 4.5.16）

（五）标语

会场入口处及会场内可适当悬挂一些庆祝性的标语，标语也可以用气球悬挂。庄重严肃

图 4.5.16　桌椅与台布（左）
图 4.5.17　垂幅标语（右）

的会场悬挂的会标通常是红布作底衬，再印上白色的字幅。小型会议如单位内部会议可在会议室两侧墙上张贴关于企业内容的图片或有关于企业精神宗旨的语录，也可以悬挂企业高层人物的题词；大型会议可以把体现会议主题的口号用醒目的书面形式张贴或悬挂起来作为会议标语。会议标语的悬挂要把握数量，不宜太多；位置适当，一般在会场两侧或会场外；悬挂方式别致新颖，一般采用横幅、垂幅，大型会议在会场外也采用气球吊挂、拱形门、广告牌等形式。（图 4.5.17）

（六）易拉宝（H 展架）

易拉宝是展示架中的一种，材质有铝合金、竹子等。有人也称之为易拉得或者易拉架，原因是它所展示的画面是可以自由伸缩的，方便携带。易拉宝在会议、会展中运用较为普遍，它可以被灵活地运用于会场内外，充当背景板补充、议程展示、采访背景或者路线指示牌等。（图 4.5.18）

（七）旗帜

旗帜有党旗、国旗、会旗、队旗之分，还可分为红旗和彩旗，不同的会议现场根据礼仪规则有不同的旗帜悬挂要求。重要会议的会场需要升挂国旗或者单位会旗（图 4.5.19），有时还需举行升旗仪式；彩旗一般用于庆祝、表彰性的会议，在会场内外悬挂，可以增加会议隆重、热烈、喜庆

图 4.5.18　易拉宝（左）
图 4.5.19　旗帜（右）

的气氛。在悬挂旗帜时，要篇幅一致，不能倒挂，旗杆高度应该整齐划一。

（八）模型标志

模型是矗立在会场内外的象征会议精神、表达特殊含义、具有视觉冲击力的造型。模型要便于对其进行平面图像或立体表现形式的复制，便于相关载体的生产、加工及保护。（图4.5.20）

（九）会场指示标志

为了让与会者清楚了解会议场所各个地方的方位，需要设立指示标志。指示标志要力求简洁、准确，一般有座次图、席卡、路标、团组标志、桌签、胸卡等。

1. 座次图。座次图即标明会场整体格局和具体座位的图，一般张贴于会场入口处，使每位与会者心中有数。（图4.5.21）

2. 席卡。席卡就是在会议桌、餐桌上放置的用于标记与会者姓名的牌签，规格通常为75mm×50mm。（图4.5.22）

3. 路标。如果是庆典性、招待性、研讨性等形式的会议，会场比较大或很难找，或同时举办多个会议的大型会议场地，就需要用路标来指引方向，方便与会者找到自己所在的会议大厅。（图4.5.23）

4. 团组标志。团组标志即对应代表团、小组或与会者身份的座位区域标识。可以制作成落地指示牌置于该座区的正前方或两侧；或制成台式标志，放置在该座区第一排的桌子上。（图4.5.24）

5. 桌签。桌签即用序号标明桌次的标识。一般大型宴会或联欢会等采用分散式的座位格局时，需要用序号标清楚桌次。（图4.5.25）

6. 胸卡。胸卡即佩戴在胸前表明身份的编号或介绍小标牌，又称胸号牌，一般为88mm×57mm的长方形，也可以自定义设计。会议胸卡可以分为贵宾证、媒体证、工作证等；为方便会议现场人员身份的确认，胸卡在保持设计风格一致的基础上，要以不同的颜色进行区分。（图4.5.26）

（十）记事本和笔

嘉宾参加会议一般都会随手记录，因此需要为参会人员准备好记事本

图4.5.20　模型标志　　　　图4.5.21　座次图　　　　　　　　　　　　图4.5.22　席卡

图 4.5.23 路标

图 4.5.24 团组标志

图 4.5.25 桌签（左）
图 4.5.26 胸卡（右）

和笔等。记事本和笔的类型非常丰富，会议组织人员可以根据会议的格调、规模以及预算等因素进行设计，将会议 LOGO 或者会议主办方的 LOGO 等标志印在记事本上是不错的做法。另外，本子的材质和笔的设计也可以适当地进行创新，让与会者在细节处感受到会议的氛围。

（十一）材料袋

材料袋是指向嘉宾发放的袋子，装有会议手册、记事本、笔、宣传册、光盘、礼品等。材料袋的设计风格、大小以及材质等可以根据会议本身和物品体积来定。制作亚麻材质的布袋，既保护环境、节约资源，又能使嘉宾经常回忆起参加会议的相关情景，可谓一举多得。

（十二）花卉绿植

要想打破会议沉闷感，最好的环境艺术手段之一就是摆放花卉绿植，亮丽的鲜花能美化会议空间，活跃会场氛围，给沉闷的会议吹来自然的清风。会议插花作品内在气质要与会议内容精神层面高度吻合，能衬托会议主题，烘托会议气氛，给人清新、活泼的感觉，并能减轻与会者开会的疲劳，也有助于会场的空气净化。

在会场摆放花卉绿植，首先要了解会场装修风格、背景板色彩、会议主要内容、出席会议的人员、甲方愿意支付的预算金额等，然后才可以设计花型、确定插花作品色调、拟定备选花材。一般会议只是在主席台或中间（圆桌会议）插制一至数盆不等，而高级会议在一般会议布置的基础上，不但花要高档，数量也要增多，如签到处、贵宾休息处、会议室四角等处都应有布置。要注意花卉颜色与会议主题相配合：气氛热烈的庆祝会以红、黄等颜色的花为主；庄重严肃的会议以常绿观叶类花卉为主；座谈会等气氛较轻松的会议，可摆放观赏性花卉，以增加和谐融洽的气氛；政府会议多用红色，学术会议多用素色，鲜花的颜色不要太杂，有两三种就行，颜色搭配要端庄、大方。

会议花卉绿植设计，一般可从以下几个方面着手。

1. 主席台花卉绿植的摆放（图 4.5.27）。会议主席台插花是会场万众瞩目的焦点，代表整个会议花艺设计的最高水平，多采用水平型插花造型，色彩可根据会议性质、背景板颜色、会场整体装修风格等来确定，对比色的色彩设计方案通常能获得较为理想的色彩效果，花材花语尽量与会议精神相吻合。此外，在主席台前可摆放 2~4 层（依会场大小而定）绿植，不高于主席台的高度。以摆放 3 层为例：最里面一层摆放以绿色或花叶为主的植物，且高度在这几层中最高，但也不能高于主席台的高度，一般以相等为宜；中间一层可以选择开花的花卉植物，如红掌、彩色马蹄莲、凤梨等，高度比最里面一层要稍矮；最外面一层可以选择开花的或是常绿的相对较矮的植物。在主席台后侧适当摆放棕榈树、花草植物盆栽，显得既庄严又朴实，对烘托会场气氛、营造优美的环境很有好处。

2. 演讲台花卉绿植的摆放（图 4.5.28）。演讲台的花艺设计要领和主席台桌花一样，但演讲台插花应更具个性，并与主席台插花呼应。通常，演讲台插花采用瀑布形造型，用文竹、天门冬、常春藤、巴西叶、跳舞兰等下拉造型，与整个演讲台在形状上比较协调。要注意的是高度不能遮挡演讲人的头部，一般上部为扁平状，可以居中平铺整个演讲台，也可以置于一侧（一般为左侧）。

图 4.5.27　主席台花卉绿植的摆放（左）

图 4.5.28　演讲台花卉绿植的摆放（右）

3. 会场内花卉绿植的摆放（图 4.5.29）。陈列用花在椭圆形、"回"字形等会议桌上摆放；在会场四周合理摆放绿植可使会场更加活泼；在背景处可以选择较高且大方的观花植物；会场的角落可选用 1.5~2m 高的绿植，如散尾葵、大叶伞等。

4. 贵宾室花艺设计（图 4.5.30）。贵宾休息室一般设沙发、茶几，令人放松的小品花很适合放置于此。现代小品花没有固定花形，作者不受固定规程的约束，可以根据花材特点和个人感受自由发挥，视花材为造型之点、线、面等元素，随意组合，或自然、或抽象，花形活泼多变、简单大方，充满现代感。茶几呈四面观赏，层次上以水平形、半球形为主；如果茶几靠墙或位于拐角处，则可以考虑直立式造型，比如"L"形、扇形、三角形等。

5. 签到台花卉的摆放（图 4.5.31）。签到台布置插花，可以参考会议桌用花。对重要嘉宾，还需要事先准备好胸花；胸花花茎处要用绿胶布缠绕，防止污染客人的衣服。

6. 会场入口处。一般采用花篮形式烘托气氛，开业典礼及其他庆典往往还需要花门等装点（图 4.5.32）。

图 4.5.29　会场内花卉绿植的摆放

图 4.5.30　贵宾室花艺设计

图 4.5.31　签到台花卉的摆放

图 4.5.32　会场入口处花门

四、会议空间的具体陈设布置

会场的陈设必须符合会议议程的要求。会场的合理布置对完成会议议题、达成会议目标具有一定作用。会议场地的陈设，一般是指利用色调、尺寸和装饰进行会场设计布置，以适应会议中心内容的需要，起到突出会议主题和烘托气氛的作用，达到企业宣传的实质目的。拟订布置会场的方案时要讲究一定的科学性、合理性和艺术性，更应细致周到，一般应考虑如下几点。

（一）主席台的陈设

主席台是装饰的重点，一般在主席台前设讲台；主席台后方通常会搭建起一块主题背景（彩喷材料）板，背景上有会议主题及主办机构信息；主席台背景处（亦称天幕）可悬挂会徽或红旗以及其他艺术造型等；应在主席台上方悬挂红色的会标（亦称横幅），会标上用美术字标明会议的名称；主席台前或台下可摆放花卉；主席台要求铺设红色地毯；台布颜色要考虑与现场主色调的搭配，端庄、大方是一般性的原则。

幕布可选择一层幕，也可根据需要选择多层幕。底幕应选用重质材料，分幕可用轻质或亮彩材质。在幕布的周围可加简单的配色构图或人物构图，这样既简练又大方而且美观。整个幕布的色系要搭配得当、主次分明，特别要突出企业独有的特色。此外，可在幕布底边处点缀鲜花或气球等具有动感之物。

（二）会场背景的陈设

会场背景的陈设除了主席台的装饰之外，主要是指会场四周和会场门口的装饰。这些地方可悬挂横幅标语、宣传画、广告、彩色气球等，还可摆放鲜花等装饰物；同时，根据会议的内容，可选择适当的背景色调或摆放、悬挂突出会议主题的装饰物等。

（三）签到处的陈设

签到处一般布置在会议大厅门口比较显眼的地方，方便嘉宾迅速看到和指引嘉宾入场；同时，签到台背后应当设置会议背板，方便嘉宾签到时摄影、摄像。

一般隆重的会议，签到台要求铺台布、围台裙，在醒目位置挂"××会议签到处"或放水牌。签到台可摆放插花，由于签到台一般是长方形，因此桌花可用椭圆形的，不宜太大、太多，以免妨碍嘉宾签名；如果签到台是两张课桌式的，放一盆花在签到台的正中间，靠里（即靠近签到工作人员），既方便嘉宾签到时摄影，又不易被嘉宾碰倒。

为了与各方参会人员会后进行更多的交流与合作，可以请未收到邀请函的嘉宾或观众赠送名片。可在签到桌上设置名片托盘，在托盘边放置标签，写明"请赐名片"的字样。

（四）贵宾室的陈设

贵宾接待室根据实际条件设置背板，如果需要，应放置于正对接待室大门的位置；鲜花要根据茶几的大小、形状来调整，同时也应当注意鲜花的气味和颜色。

（五）会场茶歇的陈设

茶歇的位置最好是在离会场比较近的地方，通常茶歇的准备包括点心要求、饮品要求、摆饰要求、服务及茶歇开放时间要求等。桌子一般用鸡尾酒宴会的桌子，用台布包裹；盛放食品的桌子要多放几处，以分散人流；食品的摆放要兼顾方便取用与美观大方，可按桌子的高低、形状摆成一定的造型；点心和水果要间隔摆放，颜色也要相间摆放；食品与食品之间要保持一定距离，以免相互混合；取用食品所需的食品盘、夹子、纸巾等要放在食品旁边；饮料需要盛在相应的器皿中然后摆放在桌子上，例如咖啡鼎、果汁鼎等，饮品旁边摆放相应的调味料，例如方糖和奶精要放在咖啡旁边；茶歇插花布置包括点心台的点缀、供客人放置饮料杯等餐具的小桌的布置等。

五、会议空间陈设的设计原则

所谓会议空间陈设，就是为了烘托会议气氛，体现会议要求而进行的一系列对会场内外环境的布置。会议空间陈设要使会议现场能够切合会议的主题精神，除了要突出会议主题之外，还要营造适合会议性质的现场气氛。会场陈设力求洁净、典雅、庄重、大方，如宽大整洁的桌子、简单舒适的座椅（沙发），墙上可挂几幅风格协调的书画，室内也可装饰适当的工艺品、花卉、标志物，但不宜过多，以求简洁实用。

（一）把握会议整体风格

对于已经举行过多次的会议，就要根据常年积累的风格和基调来确定会议的风格。如果是第一次举行某个会议，对会议风格进行规划时，可以从会议的专业角度着手选定会议基调。不同领域的会议风格有所不同，例如传媒领域和计算机领域的会议风格肯定是截然不同的。

（二）突出会议主题

合理营造会场气氛。要准确把握会议主题，使陈设表达与主题相契合。比如：办公会议、中层干部例会、部门负责人碰头会等应该突出庄严性，可以只挂横幅；答谢、庆功等会议要突出喜庆，可以有气球、花篮等；座谈等会议强调轻松、随意，可以摆放茶点等。

（三）色调的选择符合会议内容

色调在这里主要是指会场内色彩的搭配与整体基调，要与会议内容、对象、气氛相适应。室内的家具、门窗、墙壁的色彩要力求和谐一致，通常可以通过对主席台、天幕、地毯、窗帘、桌布、场内桌椅及装饰物色彩的调节而烘托会场整体的色调。大型会议的会场在主通道和主席台上铺设地毯，其主要目的就是提升会议气氛。例如：法定性、决策性会议，以褐红色、墨绿色为主，衬托隆重、庄严的气氛；庆典性会议则以暖色调为主，显示喜庆、热烈的气氛。

（四）视觉包装展示会议品牌

举办一次会议，其实相当于一次会议品牌的展示，统一的会议视觉符号不仅能展示出会议举办单位的正规、严谨，而且还能给与会人员留下深刻的印象，有利于会议品牌的统一和延续。因此，对会议进行视觉包装必不可少。

需要注意的是，国际大型会议的性质决定了会议视觉材料的设计风格应尽量国际化、严谨但不失特色。深蓝色和暗红色是比较常用的会议用色，当然也可以进行适当的创新和发挥。风格一致的视觉材料，会给人一种整齐、高端的感觉。通常情况下，如果会议本身拥有自己的标志（LOGO），那么其他视觉材料可以在 LOGO 基础上进行相应的设计；如果会议并无特定 LOGO，则可以根据会议背板的设计风格，延伸设计出其他的会议视觉材料，使人更易于识别。

【思考练习】

　　1. 根据会议的性质和内容划分，会议可分为哪些类型？

　　2. 简述新式会议的类型。

　　3. 简述中大型会议的座位格局。

　　4. 会议空间陈设的元素有哪些？

　　5. 简述会议空间花卉的摆放。

　　6. 简述主席台、贵宾室的陈设。

　　7. 思考茶歇花艺设计如何与食品、饮料相匹配。

　　8. 简述会议空间陈设的设计原则。

【设计实践 4.5】

酒店会议空间陈设设计。

第六节　景观庭院设计

【学习目标】

掌握酒店景观庭院各要素设计。

为了提升酒店的档次和市场竞争力，酒店建筑的设计风格、设计水平需要达到相当高的层次。新环境下的酒店，在为人们提供住宿、休憩、餐饮等服务的基础上，更重要的是提供一个舒缓压力、放松心情、富有美感的自然空间环境。景观庭院作为现代酒店建筑普遍采取的空间形式，能够增强酒店气势，活泼酒店环境，美化酒店自然风光，调节物理环境，提高酒店的价值。酒店景观庭院主要从地形、水体、植物、园林建筑小品、园路五个要素进行设计。

图 4.6.1　Four Seasons Sanyan 河流、雨林、稻田等自然地形

图 4.6.2　依山势而建的 Four Seasons Sanyan

图 4.6.3　Four Seasons Sanyan 地形的排水作用

一、景观庭院地形设计

大自然赐予了人类山岳水体，人们充分利用这些要素，构筑了许多大地景观艺术（图 4.6.1）。在景观设计中，地形设计是其他要素设计的前提和基础，包括人工设计的起伏地形、坡地、台地等，能够塑造场地的地形骨架，协调建筑、活动场地和道路之间的高程关系，满足植物的生长习性需求，解决场地的排水和管道布置等问题。

（一）地形的作用

地形具有以下作用。

1. 塑造景观风貌。地形是构成园林景观的基本骨架，地形起伏形成的山水"立面"是园林景观创造不可或缺的内容。规则式地形或具有明显轴线空间的地形通常由不同标高的平台形成台地，景物的抬升有强烈的人工气息；而自然式地形相对复杂，山形山势既要符合真山真水的意趣，又要为自然错落的建筑、植物、落水等园林景观提供依托（图 4.6.2）。由于地形本身的造景作用，可将构成地形的地面作为一种设计造型要素形成别具一格的视觉形象，形成大地艺术。

2. 组织排水。通过竖向设计创造一定的地形起伏，既可以及时排除雨水，结合排水沟渠、管线和存储设备，对雨水进行有效的收集利用，又可避免修筑过多的人工排水沟渠，改善植物种植条件，提供干湿、阴阳、陡缓等多种生境。（图 4.6.3）

3.引导视线，分隔空间。若地形具有一定的高差则能起到阻挡视线和分隔空间的作用。地形地貌可以在水平和垂直方向限定和分隔场地空间，通过阻挡视线、限制活动范围，来分隔空间的不同功能区域。

（二）地形设计的要点

地形设计应注意以下要点。

1.利用原有地形，巧于因借。在地形设计中首先必须考虑的是对原地形的利用，高处建亭、凹地挖池，良好的自然条件是事半功倍的前提。地形设计要与功能分区有机结合，平坦开阔处作集散广场或活动场地，低洼处安排湖泊水景、设置水上游乐设施，地形起伏处空间灵活多变利于植物造景、设计安静休憩空间，等等。

2.考虑自然蓄水排水。本着节约型景观的原则，在地形设计中应运用海绵城市理念：一是合理安排分水和汇水线，利用地形的坡度进行排水；二是每个区域应有一定的排水方向，将雨水汇入附近的水体。

3.把握坡度的合理性。坡度小于1%的地形易积水，进行微地形改造后方可利用；坡度介于1%～5%的地形排水较理想，可安排大面积平坦场地活动的内容，像停车场、运动场等，不需要改造地形，但是会形成单调感；坡度介于5%～10%的地形适合于安排用地范围不大的内容，这类地形的排水条件很好，而且具有一定的起伏感，造景效果丰富；坡度大于10%的地形只能局部小范围地加以利用，如果地形起伏过大或坡面过长会引起地表径流，产生滑坡。

4.土方就地平衡。在必须对地形进行改造时，尽可能就地平衡土方，挖池与堆山结合，就近利用，内部消化，不但节省人力物力，也能减少大兴土木对自然生态的影响。

二、景观庭院水体设计

水体有动水和静水之分。景观设计大体将水体分为静态水的设计方法和动态水的设计方法。静有安详，动有灵性。自然状态下的水体如自然界的湖泊、池塘、溪流等，其边坡、底面均是天然形成；人工状态下的水体如喷水池、游泳池等，其侧面、底面均是人工构筑物。

（一）水体的主要功能

水体主要具有以下功能。

1.造景功能。水体具有独特的造景功能，有动有静、有声有色，从视觉、听觉等角度给人以不同的景观感受，因而水景的开合、收放、聚散、曲直形成丰富的景观意境和艺术效果。

水面具有将不同的园林空间、景点连接起来产生整体感的作用；将水作为一种关联因素又具有使散落的景点统一起来的作用；另外，有的设计

图 4.6.4 Alila Villas Ulwatu
水面联系各空间（左）
图 4.6.5 伊拉凯勒水景广场
的人工水体（右）

并没有大的水面，而只是在不同的空间中重复安排水这一主题，以加强各空间之间的联系。（图 4.6.4）

人工水景通常安排在空间的醒目处或视线容易集中的地方，使其突出并成为焦点。可以作为焦点水景布置的水景设计形式有喷泉、瀑布、水帘、水墙、壁泉等。（图 4.6.5）

2. 休闲功能。水体是开展水上活动的地方：较大的湖面可以划船、游泳、垂钓，作为水上运动和比赛的场所；在北方的冬季，水面可以用来滑冰；较小的水池可以设计为儿童戏水池。

3. 动植物栖息地。湖岸、河流边界和湿地一起形成了鸟类和动物的自然食物资源和栖息地。通常在水边和汇水域中，植被更为茂密，水体能够为水生植物、鱼类、游禽、涉禽提供栖息地，增加景观的生物多样性，使景观富有生机和生态特征，从而具有更大的吸引力。（图 4.6.6）

4. 调节小气候。水体具有调节空气温度和湿度的作用；水体还可溶解空气中的有害气体，净化空气；相对于陆地环境，水边的环境更为舒适，适于人们的休息活动。

5. 蓄存雨水。自然排水系统是最经济有效的排水系统，来自地面的径流应就近导入汇水池或池塘，这样在水重新进入源地或渗进土壤前，能被过滤和净化。大多数景观水体具有蓄存园内的自然排水的作用，可利用于景观绿化的灌溉、环卫用水等。

（二）水体的基本设计形式

水体在景观设计中按类型可分为自然式和规则式，自然式水体有河、湖、海、溪、涧、泉、瀑布、井及自然式水池，规则式水体有运河、水池、喷泉、涌泉、壁泉、规则式瀑布和跌水；按水体的布局可分为集中与分散两种基本形式；按照设计形态分有静水、落水、流水和喷水。园林水景设计既要师法自然，又要不断创新，结合环境布置形成多样的水景。

1. 静水。水的静止状态，这种状态存在于池沼等容器之中，随地形变化形成各种轮廓。静态的水体能产生倒影，扩大空间感，给人以安静、明快、开朗的感觉（图 4.6.7），如水面宽阔的湖海、较小水体的池沼、幽深的潭井。

2. 落水。跌落的水体垂直倾泻，由于强烈的高差而悬挂于陡峭的地形或直落、或叠落，随着落水口的宽窄或成帘、或成线，飞泻的动态给人以强有力的印象和强烈的声效、宏伟的气势，线瀑、叠瀑、飞瀑、帘瀑变化多端。

3. 流水。流动的水因幅度、落差、基面及驳岸的构造影响流形、流速变化，形成流水表面丰富的表情，给人以生命感、活力感。浅而阔的溪、狭而深的涧左右弯曲、萦回环绕、分合收放造成特定的动态效果，构成情趣丰富的水体空间。运用藏源、引流、集散等设计手法使水景有深有浅、有隐有露、有分有聚，作为构景空间序列的天然纽带，联结不同景点又使各景点的空间之间相互渗透、景物相联。

4. 喷水。景观设计时可利用天然泉设景，也可造人工泉，在空间中作为视线焦点。喷泉的形式、造型变化丰富，增添景观的艺术性、活泼性，常设于建筑、广场、花坛的轴线交点和端点处。

图 4.6.6　无锡艾迪花园酒店水体中的动物（左）
图 4.6.7　Bambu Indah 水面的倒影扩大空间感（右）

三、景观庭院植物设计

植物是园林景观中绿色生命的要素，是景观规划与设计中最重要的要素之一。植物设计就是利用乔木、灌木、藤木、草本植物来创造景观，并发挥植物的形体、线条、色彩等自然美，配置成一幅美丽动人的画面，供人们观赏。植物设计区别于其他要素的根本特征是它的生命特征，这也是它的魅力所在。所以对植物能否达到预期的体量、季节变化、生态速度要深入细致考虑，同时结合植物栽植地、小气候、干扰等多因素进行考虑。

（一）植物的作用

植物具有以下作用。

1. 造景。一是营造主景、配景、背景和季相景色。作为主景的植物是空间中的视觉焦点，适合近、中距离观赏，植物的形、枝、叶、花、果和群搭配方式皆具观赏价值；作为配景的植物和建筑、山水等其他景观要素相搭配，能够弱化人工痕迹，和环境有机结合；作为背景的植物群落能够限定空间，衬托景物，展现植物的群体美；季相景色是植物材料随季节变化而产生的暂时性景色，具有周期性，如春花秋叶便是园中很常见的季相景色主题。

二是形成景观的藏与露。利用不同植物材料及其种植方式能形成多样的景观空间：使用枝叶稠密的树木可以遮挡景观败笔，控制视线；枝叶稀疏的植物使其后的景物隐约可见，形成漏景，吸引视线；景物用植物遮挡加以取舍后借景到园内可扩大视域；若使用框景的手段有效地将人们的视线吸引到较优美的景色上来，则可获得较佳的构图。（图 4.6.8）

三是弥补地形，构成空间。地形形态借助于配植技巧，可减少地形改造工作量而提高景观的视觉效果，如高处栽植高大乔木、低处铺设地被能强化地形的起伏效果（图 4.6.9），反之则能隐藏地形的陡峭形成舒缓流畅的景观线。此外，植物非常适合于围合、分隔或者烘托场地的不同功能空间及空间的连接通道，通过它们相关的特性以及它们的色彩、质地、形态，植物可以赋予每一空间与其功能相适的特征，将功能区转化成功能空间。

图 4.6.8 无锡大饭店中庭的植物形成的构图（左）
图 4.6.9 深圳园博园植物设计弥补平坦的地形（右）

2. 生态功能。植物进行光合作用时能够释放氧气、吸收二氧化碳，还有降温和增湿的作用，是创造较舒适的小气候最有力、最经济的手段；植物的叶片能够吸附灰尘和有害气体，有生态防护作用；植物能净化水体、保持水土，为小动物提供适宜生长的条件；植物的根系、地被等低矮植物可作为护坡的自然材料，减少土壤流失和沉积。

3. 其他功能。植物具有降低噪声、风速，划分环境空间，安全隔离等功能；植物具有防止眩光及交通视线诱导功能；利用植物的色彩差别、质地特点等还可以形成小范围的特色，提高景观识别性；另外，植物在空间中属于垂直要素，对空间具有围合和限定的作用。因此，应当善于利用植物的各种特性，有效地发挥植物的综合功能。

（二）植物的配置方式

植物配置，首先要满足其生理特性做到适地适树，选择乡土树种或经过长期引种驯化的外来树种；其次，植物配置应师法自然，借鉴自然环

境中植物群落的外貌和结构特征，按照植物的生态习性和生长规律进行搭配；最后，树种选择、配置方式、观赏特性的运用，要与场地的环境条件和造景需要相协调配合，服从景观总体布局的要求和美学要求。植物配置通常分为孤植、对植、列植、丛植、群植等形式。

图 4.6.10　孤植（左）
图 4.6.11　对植（右）

1. 孤植。孤植树在景观设计中作为空间主景，多植于视线的焦点处。作为主景的孤植树要有优美的姿态和欣赏价值，场地要求比较开阔且四周留有足够的观赏距离和相应的衬托环境，一般在园林中的空地、岛、桥头、拐弯处、高地、广场等均可种植。（图 4.6.10）

适于作为孤植树的包括银杏、枫香、雪松、悬铃木、冷杉、香樟、栎树、广玉兰、七叶树、梧桐、枫杨、白皮松、油松、鸡爪槭、银杏、玉兰、木棉、海棠、樱花、大紫薇花、梅花、碧桃、桂花等。

2. 对植。对植是指两株或两组树木相对栽植，一般应用在出入口、建筑两侧、道路和桥头两旁，在构图上形成夹景，起陪衬和烘托作用。

对植一般用同一树种，树形整齐美观，其形体、大小、姿态、色彩等均应与主景协调。（图 4.6.11）

3. 列植。列植是指成行成列栽植树木，有单行列植、双行列植、阵列植（树阵）等各种方式，通常选用一种树木形成整齐划一的种植效果，其株距大小一般取决于树冠的成年冠径。

列植一般用于围合或分隔空间，多用于相对规整的道路、广场等的绿化空间设计之中或道路、河道两侧防护隔离。（图 4.6.12）

4. 丛植。多株树木组成树丛，即为丛植方式。丛植树木少则三五株，多则十几株，按照形式美的法则和植物的生长习性搭配在一起，体现植物的群体效果，彼此之间既有统一联系又有个体变化，主次配置、相互衬托。（图 4.6.13）

树丛可以作为空间的主景或其他造景要素的配景，也可以起到引导视线和障景的作用，是应用广泛的植物配置方式。既可作为出入口、交叉口的主景，又可作为建筑、雕塑的配景或背景，还可用来分隔狭长、空旷的空间，形成夹景、漏景、框景。

图 4.6.12　列植（左）
图 4.6.13　丛植（右）

5. 群植。群植指多株树木的群体组合，组成树群的植物一般在数十株以上，外观呈现出自然植物群落所具有的群体美，在空间环境中当主景或背景。树群与树丛的区别在于：树丛是从个体和群体两方面均具有较高的观赏要求；树群表现的是整个植物群落的群体美，观赏的是它的层次、群落外缘和林冠。

由于组成群植的树木多，群体间的植物会相互影响，进行群植搭配时，应当满足植物生态习性的要求，例如：不同植物对日照、温度、湿度的不同要求，植物自身的生长发育规律等；植物栽植距离要有疏密变化，忌等距种植；林冠要有高低起伏。

树群主要用于组织空间层次、划分区域，起到隔离、屏障等作用。

四、景观庭院园林建筑小品设计

园林建筑和园林小品一起共同构成园林里面的建筑要素。园林建筑指能够为游人提供休憩活动的围合空间，体形大但数量少，有优美的造型、与周围景色相和谐，除了供游人观赏以外，还可以提供其内部空间用于食宿、礼佛、展览等，在建筑类别中属于建筑物；园林小品在园林中起点缀环境、美化景色、烘托气氛、加深意境的作用，造型轻巧美观，仅供游客观赏或使用，游客不进入其内部活动，在建筑类别的划分中属于构筑物。园林建筑多为园林中的小型公共建筑。

（一）园林建筑小品的功能

园林建筑小品具有以下功能。

1. 点景。园林建筑小品具有赏心悦目的造型，观赏价值高于其他建筑类型，在园林中可以起到点缀风景的作用。园林建筑小品与其他园林要素一起共同构成园林中的许多风景画面，在这些画面中，园林建筑小品成为控制园景、凝聚视线的焦点，被作为园林局部空间甚至整体空间的构图中心。（图 4.6.14）

2. 观景。园林建筑小品内部应适宜于相应的活动，除了游憩赏景，还

图 4.6.14　珠海市东澳岛地中
海度假村建筑小品

常常融入文化、娱乐、宣传等活动。园林建筑的位置、朝向、封闭或者开敞的处理往往取决于周边的景观，使得观赏者在视野范围内摄取到最佳的风景画面。

3. 划分空间。园林建筑小品的参差错落可以划分园林空间，丰富空间层次，同时对园林空间进行有序的分隔，能使园林形成不同的景区，从而使园景变得丰富，让游人感受到趣味无穷，于是感觉空间变得更大。

图 4.6.15　建筑小品组织游览路线

4. 组织游览路线。园林建筑小品在园林中可以起到组织游览路线的作用。在园林中利用园林建筑小品的造景功能对游人产生无形的吸引力，再与道路等造园要素相结合，进行合并、穿插和转折，使得游览路线丰富多变，从而产生一种步移景异、导向性很强的观赏效果。（图 4.6.15）

（二）园林建筑小品的设计要点

园林建筑小品布置自由灵活，设计过程中应顾及建筑内部空间与外部空间的联系以及游人在行进过程中周围景观的变幻，由此来看，园林建筑及小品中涉及的问题似乎更有特殊性。考虑其物理功能和精神功能，满足景观和观景的需求，应从立意、选址和布局三方面着手。

1. 立意。立意着重艺术意境的创造，同时应该考虑周边环境状况，寓情于景，情景交融，"景外之景，物外之象"是园林建筑的一种最高境界。园林建筑小品的立意应与自然景观相协调，强化意境，给人以协调的景观感受。

当然园林建筑小品强调景观效果、重视立意，也要兼顾建筑的实用功能，设计中要综合考虑艺术创意与使用目的，通过因地制宜利用改造地形、地貌，巧妙地塑造建筑空间。

2. 选址。具体落实园林建筑小品的位置就是选址。选址的原则应该是进一步协调各种景观要素间的关系，充分考虑所在位置的地质、水文、方位、风向等条件，并以特定的园林建筑小品统率全局，起到画龙点睛的作用。

3. 布局。园林建筑小品的布局即制定其设计方案，应当考虑到空间组合、对比渗透、空间序列以及色彩和质感等多个方面的因素，根据实际需要选择使用。园林建筑小品的设计就是空间环境的程序组织，使之在艺术上协调统一，在功能上做到合理完善。游人从室外进入室内的空间过渡，对自然景观和建筑小品的欣赏体验的变化也需要有时间过程，园林建筑小品设计实际上就是将这种空间和时间予以恰当的组织，就是将实用功能与艺术创作结合起来进行处理。

此外，还要巧妙应用引、借、对、衬等组景艺术，协调景点内山石、水体、植物之间的构图关系。（图 4.6.16）

图 4.6.16　园林建筑

五、景观庭院园路设计

园路是联系各景区和景点的纽带和风景线，其布局既要满足综合功能的发挥，又要富有艺术意境，二者应当有机结合。应根据景观的功能分区、景点分布、游人容量、交通和排水需要来综合考虑，与山水地貌、植物、建筑、小品设施的设置统一规划，形成完整的风景构图和游览视线。

（一）园路的作用

园路具有以下作用。

1. 界定空间。作为水平景观要素，园路对功能区域的划分具有非常直接的作用，同时又把不同的景区、景点联系起来，形成整体。园路一般分为主路、支路、小路三个级别，不同级别的园路将场地分割为不同的功能区域，主路划分大的功能分区，支路划分景区中的不同景点，小路划分不同的空间区域。

2. 组织游线。园路布局还应考虑回环性，形成环网式道路；配合游人的游览心理和行为习惯巧妙处理景物产生不断变化的景观，吸引游人按设计者的意图、路线和角度沿路游赏景物。因此，设计应形成主路、次路、支路结构合理，系统完善，可提供多样性游览选择的园路体系。

3. 塑造景观。铺装纹样、尺度、色彩、材质等外观特征带给人直接的视觉感受，能够很好地表达空间意境和艺术效果，影响人的心理。如中国古典园林的花街铺地具有很强的装饰性，因景设路、因路得景。（图4.6.17）

不同的路面表达不同的景观风格，例如：预制混凝土块料路面在形状、大小、颜色、表面处理等方面可以有多种变化，风格简练工整，具有很好的装饰性和实用性；石板路面颜色素雅，与环境有很好的融合度，古朴自然，适于户外环境；块石路面坚固耐用，粗糙的表面古雅、自然，极富野趣，也可以铺成一定的花纹，给人以肃穆、庄重之感；卵石路面具有细腻圆润、色彩丰富、耐磨实用、装饰性强的特点；嵌草路面能够弱化硬质路面的人工痕迹，增加自然野趣。

4. 健身场所。园路在局部可以适当放宽，在路侧形成小型铺装场地或活动广场，也可以作为健身步道，供游人开展慢跑、散步、骑车活动。让游人在运动健身的同时，欣赏户外美景，呼吸新鲜空气，释放压力，放松心情，是最佳的户外运动场所。

5. 组织排水。园路路面应进行科学的高程设计，产生合理的纵坡和横坡组织汇集地面雨水，并利用路侧的明沟和雨水井有效组织排水。

（二）园路的设计方法

1. 平面线形设计。园路的平面线形分规则式和自然

图4.6.17　园路塑造景观

式。规则式使用直线条或几何线条；自然式采用蜿蜒曲折的弧形线，根据地形可宽可窄，曲折自然。

园路的纵断面随地形变化起伏，以台阶或斜坡过渡，坡度小于6°时可按一般园路处理；若在6°~10°之间，应沿等高线设盘山路减小园路的坡度；坡度超过10°，需设置台阶，台阶通常在15~20级之间设置平缓道路供登山者间歇调整。

2. 结构设计。园路结构形式有多种，典型的园路结构分为以下几种。

（1）面层。面层是路面最上的一层，它直接承受人流、车辆和风、雨、寒、暑等气候作用的影响。因此要求坚固、平稳、耐磨，有一定的粗糙度，少尘土，便于清扫。

（2）结合层。结合层是采用块料铺筑面层时在面层和基层之间的一层，用于结合、找平、排水。

（3）基层。基层在路基之上。它一方面承受由面层传下来的荷载，一方面把荷载传给路基。因此，要有一定的强度，一般用碎（砾）石、灰土或各种矿物废渣等筑成。

（4）路基。路基是路面的基础。它为园路提供一个平整的基面，承受路面传下来的荷载，并保证路面有足够的强度和稳定性。如果路基的稳定性不良，应采取措施，以保证路面的使用寿命。

此外，要根据需要进行道牙、雨水井、明沟、台阶、种植地等附属工程的设计。

3. 铺装设计。在进行道路铺装设计时应与景区的意境相结合，要根据所在环境，选择路面的材料、质感、形式、尺度，在园路面层设计上形成特有的风格。一是寓意性。有意识地根据不同主题的环境，采用不同的纹样、材料来加强意境，"寓情于景"。二是装饰性。路面或朴素、粗犷，或舒展、自然、古拙、端庄，或明快、活泼、生动，根据不同的风格和时代要求来装饰景观。（图4.6.18）

图4.6.18　园路铺装设计

【思考练习】

1. 在景观设计中地形的作用有哪些？简述地形处理与设计要点。

2. 水体在景观设计中的主要功能有哪些？简述水体的基本设计类型。

3. 植物具有哪些作用？列举植物的配置方式。

4. 园林建筑小品的功能有哪些？

5. 简述园路铺装设计的特性。

【设计实践4.6】

酒店景观庭院设计。

第五章　酒店主题陈设设计

引言

　　酒店主题性设计是指酒店室内环境中为表达某种主题或突出某个形态要素所进行的设计。酒店主题性设计中主题的内容十分广泛，除了节庆和事件活动，现代酒店为了吸引顾客更多地开始利用当地的风土人情、自然历史、文化传统、名人逸事、神话故事等方面的题材作为设计表现的核心，也有一些酒店以地域性的材料、色彩或视觉、听觉、感觉、幻觉艺术为主题。

　　酒店设计确立相关的主题，其实是为了形成酒店的一种附加值，是为了增强自身的文化属性，通过对主题文化的展示吸引对主题内容高度认可并乐于体验的特殊消费人群，从而实现自身的差异性发展，形成独特品牌。

背景知识

主题的选取

一、客房主题的选取

　　对主题客房进行设计，必先选取明确且具有特色的主题。主题酒店的灵魂是文化性，从这个意义上来讲，主题客房就是文化客房，即在客房产品（包含设计）层面体现并且强化主题。一方面，丰富各异的主题客房本身可以形成独立的主题特色体系，即以主题客房为经营特色，直接树立酒店的独特品牌。例如世界第一家主题酒店——1958年诞生于美国加利福尼亚的 Madonna Inn 就是以 12 间主题客房为特色发展起来的，后来逐渐发展到 109 间，成为当时最有代表性的主题酒店。另一方面，主题客房本身也依托于酒店的宏观主题内容，与酒店的公共空间一道作为酒店主题的重要诠释部分。

　　主题的选择和设计，通常有以下三种方法。

（一）挖掘

挖掘有多种方式，可以从任何一个角度进行挖掘，比如地域文化、民间文化、历史文化等；还有一种行业性的文化，比如邮电系统的酒店可以在邮电文化方面多做文章，铁道系统的宾馆可以挖掘铁路文化。

（二）移植

现在多数酒店都是在移植一种文化，在效仿人家的方式。如迪拜的亚特兰蒂斯（Atlantis）酒店正是采用了移植的方式，以理想国"亚特兰蒂斯"为灵感进行酒店设计，处处彰显着奢华。这从文化上说是一种移植，但在做法上却是一种创新。

（三）整合

有些酒店认为单一主题不能完全适应自身的需要，或考虑自身的实际因素的确不适合做较大主题的设计时，可考虑采用复合型的主题。

采用复合型的主题具有一定的发展优势：一是投资建设的压力相对小，一些本身体量不大的酒店可以通过酒店的陈设设计，把原本普通的客房包装成为主题客房，既经济又容易出效果。二是拥有多种主题房的酒店在需要的时候可以随时更换主题的内容，不断变化的主题有利于酒店不断调整自身的销售策略。如上海鸿酒店就是典型的复合型主题，它的特点在于酒店内的公共和私密空间均利用场景环境的复原或营造将各自不同的表现主题赋予其中。这些空间的主题设计风格各异，且主题内容差异性极大，通过展示主题文化的丰富性与多样性，更好地吸引不同的人群，而这些多样化的小主题又构成了酒店整体的大主题——海派文化。

二、餐厅主题的选取

餐饮空间的设计与布局和客房一样，同样应围绕某一主题。主题餐饮的主题选取方式大致可分为以下几种。

（一）以某种装饰风格为主题

利用某种具有代表或地标性的装饰风格作为餐饮空间的主题，是比较常见的做法。具体可以分为以下几类。

1. 皇家气派。皇家气派所体现出的是一种豪华富贵。如北京贵宾楼酒店10层的紫金厅是仿照故宫的坤宁宫设计建造的，其木质建筑材料主要是花梨木。此厅的陈设设计从四周的棉垫炕座到铺地金砖，从落地黄幔到典雅宫灯，无不透出皇家气派和中华民族悠久历史中建筑文化的风采。现代风格的筒灯被安装在井口天花中心周围的圆圈上，与井口天花和谐地融为一体，灯亮时如繁星满天，与古典宫灯一起映照四周，更显金碧辉煌。

2. 传统风格。按照中国传统，宴饮时要灯火辉煌、喜气洋洋，所以，中餐厅一般喜用强烈明亮的光色、朱红圆柱、宫灯、圆洞门等传统装饰来渲染热烈喜庆的气氛。

3. 地方特色。地方风味餐厅以供应某一菜系或某地方的菜肴为主，其装饰风格也往往反映地方特色。如北京王府饭店的粤味中餐厅——越秀厅，以透空隔扇从四面分隔餐桌空间，隔扇垂直相交处摆放植物。

4. 乡土风格。有些酒店的中餐厅以仿建市井小店和乡村小店来显示自己独特的装饰风格，使客人用餐时也能领略乡土风情。

（二）以某种饮食文化为主题

民以食为天，中国自古重视食文化，色、香、味、形、滋、养、声、名、器、境、服、续，这十二个字是对中国饮食文化的概括。餐饮主题有两个层面的意义：第一个层面是有一个永恒的、持续的主题，就是味道，靠菜品的质量闻名，塑造品牌。第二个层面的主题就是变化性，举办一些比如美食节之类的活动，通过长远性和变化性主题的结合，形成酒店的餐饮特色。如无锡蠡园饭店在蠡园公园一年一度的荷花节期间，呼应公园花事活动推出的"荷花宴"，以荷花的花、藕、莲子为食材，以荷叶、花瓣为盛器，菜品以荷花为主题，餐厅陈设品采用荷花题材等，在营造节日氛围的同时，在当地饮食习俗的基础上创新菜式，已成为当地餐饮界一道亮丽风景。

（三）以某种就餐条件为主题

此种主题选取的方式比较新颖独特，常常以某一年龄层的顾客为目标人群，通过对就餐环境及礼仪程序的有趣设计来表现某种怀旧的主题。

本章学习目标

1. 了解酒店主题陈设设计内涵及手法；
2. 掌握各大类主题陈设设计的方法。

本章学习指南

一、学习方法

酒店陈设主题内容涉及广泛，学生在学习这一章节时，需在上一阶段学习的基础上进行，要掌握好陈设设计的基础知识，能熟练运用酒店陈设设计元素，对酒店各功能空间及其陈设方法初步掌握。学习本章，一是了解节、庆、会的相关民俗、文化、礼仪，深入挖掘主题文化才能设计出具有内涵、气质独特的主题陈设设计；二是要研究相关的材质、色彩与主题之间的关系；三是在地域文化、习俗的基础上挖掘具有代表性的主题装饰品，如有能力可进行设计演化，使陈设品更具艺术性、特征性和实用性；四是要灵活运用陈设品，适量、适度而不失主题氛围、不影响酒店功能；五是要有整体性概念，设计思路清晰、完整。

学习过程中要注重利用各种方式拓展知识的广度和深度，对节、庆、会有多方位的全面了解，还要使用走访、调研等形式挖掘文化、传统，通过沟通、会谈了解需求、理解主题。

二、注意事项

酒店主题陈设设计是一项综合性的工作，包含了各类陈设元素、各个功能空间的综合设计，学习和设计时应注意以下几点：一是设计要从大处着眼、整体思考，要将整个酒店的不同空间、不同装饰部位的特性进行整体考虑，形成完整的陈设氛围，切忌局部深入、各区域相互没有呼应，主题散乱、用色杂乱；二是陈设品要从小处着手、逐个细化优化设计，在整体设计的基础上，要按照统一的主题、色彩、图案设计进行深化，完善细节，切忌粗制滥造、空洞无物，陈设品艺术性差、档次低下；三是各功能空间陈设要恰当适度，在满足功能的前提下进行美化、营造氛围，切忌影响功能、过度陈设。

第一节   酒店主题陈设设计的内涵及手法

【学习目标】

1. 了解酒店主题陈设设计的内涵与特点；
2. 掌握酒店主题性陈设设计的手法。

一、酒店主题陈设设计的内涵与特点

（一）主题的含义

"主题"一词常用于文学作品，指文学、艺术作品中所表现的中心思想，是作品思想内容的核心。世界文学巨匠高尔基就曾将"主题"一词理解为：从作者的经验中产生，当它要求用形象来体现时会在作者心中唤起一种欲望，赋予它一个形式。

（二）酒店主题陈设设计

酒店因其经营需求，在节日、庆典、会议等前提下进行适时适事的陈设，根据不同活动、事件、节庆的主题进行陈设设计，营造氛围、烘托主题。酒店主题性陈设设计主要是体现在酒店以自身所在地特有的某种文脉或元素，如城市文化、历史故事、人文生活、自然资源等作为酒店设计的核心。

（三）酒店主题陈设设计的特点

酒店主题陈设设计具有以下特点。

1. 主题与功能的完美结合。对酒店主题的总体陈设设计来说，首先应是对功能性的满足。主题陈设设计之前，对活动事件和节庆期间的功能流线应有明确的划分，在陈设设计的功能性上提高产品使用的舒适性和服务的效率。这些功能流线所涉及的酒店服务功能区域在陈设过程中要有机联系，根据活动事件或节庆的主题，确立陈设设计图形元素，并在功能区域的陈设设计中因地制宜地使用。如酒店大堂的主题花艺设计、餐厅的主题台面设计、娱乐会展等公共空间的墙面装饰，甚至客房的日用品、布草都应该围绕主题

图 5.1.1　无锡艾迪花园酒店大堂中的主题图形元素（左）

图 5.1.2　无锡湖滨饭店服务员服装戏剧化表现主题（右）

进行图形元素和主题色彩的植入，以达到渲染主题氛围的目的。

2. 主题形象的识别性。主题既定，用来表现主题的图形元素则需要由抽象形态转变为具象形态，酒店陈设设计时需要对主题形象进行提炼、选取和概括，甚至建立一个主题文化标识系统，这包括图形元素、主题文字等（图 5.1.1）。其中图形元素代表着主题的内涵，应始终贯穿于酒店的各个功能区，尤其应该在大堂中充分体现出来。如圣诞节是西方国家的传统节日，一般在大堂中央放置圣诞树（雪松），周围摆圣诞红（一品红），树上挂彩灯、幸运星、小礼物等，还可以在边上布置圣诞老人、雪橇等与圣诞相关的道具。

3. 主题表现的戏剧化与商业化。酒店主题的设计通常还具有舞台戏剧的特点。一些传统节日来源于神话故事，主题陈设可以将故事中的情节和人物拿来进行氛围陈设，如七夕节的银河鹊桥场景、中秋节的明月桂花场景，等等，使人如置身神话舞台；此外，主题表现的商业化也应成为酒店主题设计的重要特点之一，例如大厅中身着古装的服务员往返于酒店之中，巧妙揭示出酒店的商业化特点。（图 5.1.2）

二、酒店主题陈设设计的手法

（一）地域性特点与文脉精神相结合

所谓地域性，是指陈设设计应注重对历史文化的传承，处理好设计与文化之间的关系，将地域特点与设计文脉相结合，这样的设计手法会使陈设的主题得到进一步明确，从而形成主题鲜明的特点。设计的表现方法不外乎以下几类。

1. 运用陈设品创造空间形态来表现地域性主题。对空间形态产生创造效果的陈设品包括：有当地景观画面的屏风、反映当地气候特征的植物等。不同的空间形式以及形态的比例、大小变化都会给人造成不同的心理感受，如可以通过悬挂、攀爬植物来增强空间的舒适感和神秘感，通过屏风塑造的弧形空间、波浪空间可以营造轻松、活泼、富于浪漫和幻想的主题。在酒店空间形态的设计方面，巴厘岛上的旅馆设计在空间形态的表达上巧妙借用了巴厘岛传统的建筑形式——巴厘亭，在酒店陈设设计中将"亭"的功能与形式加以转化，营造巴厘岛的地域性特点。(图 5.1.3)

2. 运用色彩关系表现地域性主题。色彩由于地域性的差异形成了不同的文化内涵，进而体现更强的视觉感染力，抓住色彩的地域性特征，可以对酒店的地域性特点表现起到事半功倍的效果。

针对酒店主题而言，酒店主题的色彩可以根据色彩面积的大小分为主体色彩、背景色彩和点缀色彩三个部分。主体色彩是指大件家具及织物所构成的总体色彩，它构成了酒店主题氛围的主要基调，对主题具有烘托作用。例如上海新天地的一些小型酒店为了表达旧上海民居朴素、雅静的怀旧气息，在主体色彩上就采用了一种怀旧的灰色调为主题，给人统一的、完整的、具有强烈感染力的印象。酒店主题采用的背景色彩是与主题内容的表达相一致的，而主体色彩和点缀色彩都是在其基础上的进一步深化。一般来说，酒店的背景色彩宜采用低彩度的沉静色，这样可以使它发挥作为背景色的衬托作用。在酒店陈设设计中，背景色彩大多是在装修中完成的，色彩设计主要是根据装修的背景色来确定主题色和点缀色。酒店的点缀色彩是指酒店室内最易变化的小面积色彩，如主题装饰物、小型展示道具等的色彩，点缀色彩往往与背景色彩和主体色彩并置和对比，从而形成突出而强烈的视觉形象。

在乌布嘉佩乐的酒店陈设设计中，设计师就以绿色作为主体色，以红色和黄色为点缀色，通过主题色彩的设计，对酒店地域性自然和文化主题起到了良好的诠释作用。(图 5.1.4)

3. 运用材料与肌理表现地域性主题。在酒店主题的设计取材时必须将材料的特性与室内空间的功能以及主题的地域特征紧密联系起来。当人们对现代酒店所采用的玻璃、水泥、瓷砖等标准化人工材料望而生厌时，传统的地方材料便逐渐获得人们的青睐。

图 5.1.3　巴厘亭表现 Bambu Indah 酒店地域性主题（左）
图 5.1.4　乌布嘉佩乐酒店的色彩关系表现东南亚地域主题（右）

**图 5.1.5 Semiyak Katamama
红砖体现地域性特征**

地方材料可分为天然材料和人工材料。根据气候、纬度、水文等自然因素以及人文、经济、风俗等社会条件的不同，各地区所特有的天然材料也不尽相同，并体现出浓郁的地域性特征。例如，我国西南少数民族地区由于具有土壤肥沃、干湿季节分明的特点而盛产竹材，当地人就用竹、藤、干草等天然材料建造居所、美化环境。主题酒店的建造也是如此，如巴厘岛 Semiyak Katamama 酒店在建造时就选择了当地盛产的红砖作为建筑材料，所有墙面均用红砖，同时红砖也运用到了室内的局部墙面；此外，室内陈设使用的竹器手工艺品，手工纺织制作的地毯、靠垫、桌旗等，形成了材质与肌理完美地融合，地域性主题凸显。（图 5.1.5）

酒店主题陈设的人工材料可分为两类：一类是较通俗的现代材料如钢筋、混凝土、玻璃、陶瓷等，另一类是传统材料经过现代加工而成的环保材料。一般来说，前者较难表现地域特色，只能是对现代功能需求的满足，而后者却具有典型的地域文化特征。目前在主题酒店的设计中，较多运用的人工材料就是后者。如四川雅安是茶叶的发源地，而西康大酒店就是利用当地特有的资源优势，用具有三百多年历史的雅安茶做砖砌成了世上独一无二的茶屋；此外，西康大酒店还运用古老的实物和历史资料，将茶文化的主题融入整个酒店。

无论是天然材料还是人工材料，在设计主题酒店时，只要根据具体环境进行合理的选取、组合和变换，都可以使地域性的主题得以体现。

（二）场所的表现与再现

酒店主题性设计中的场所是对现实生活的反映，是通过具体的形象以及主题思想创造具有一定真实性的环境氛围。场所的表现与再现，在酒店设计中最常用的是形象法，它是指通过具体实物形象的展示来营造室内的场所效果，具有真实性和直观性。例如，广州白天鹅宾馆的中庭就以"故乡水"为主题，创造出一个具有亭桥流水的极具真实感的室外景色，这使英国设计师汤姆逊感慨道："凡到过白天鹅宾馆的游客（指外国人）都大可不必去中国南方一带旅游。"

场所的表现与再现的另一个常用手法是叙事法。无锡湖滨饭店在夏季陈设了水蜜桃为主题的展示，以桃树、桃花、水蜜桃为线索，激发人想象阳山水蜜桃开花结果的主题场景故事（图 5.1.6）。酒店活动都有相对独立的人物和事件，叙事法运用在酒店主题的设计之中可以使主题的叙事情节更加直观、生动，如同剧目一样成为情节发展的构成单位。因此，在进行场所设计时，应有区别地表现出场所的完整性和独立性，同时应将各个场所的主题串联起来，使情节更加引人入胜，从而具有明确的序列性和节奏感。酒店的一些主题会展活动的陈设设计就属于这一类型，通过对会议或展示主题的相关场景的陈设，运用印刷品、宣传画面以及相关的物品陈设创造主题氛围，再现给与会者、参观者相关的主题场景。

（三）叙事情节设计

叙事情节设计是指围绕酒店陈设的主题内容以类似说故事的表达方式逐一展开、层层递进，通过让人们读懂每一个故事情节从而更加全面、客观地把握陈设的主题，增强酒店主题性设计的特征。酒店的叙事情节设计应包含两个内容：叙事情节的表达和空间的叙事序列。酒店的叙事情节设计应是以上内容各部分多层次、多结构的组合。酒店的一些婚礼、生日等庆贺活动往往通过叙事情节设计，如新婚夫妇的恋爱过程及纪念物的陈设、寿星的生活点滴及标志物的展示等让来宾感受到主人的故事及心路历程，强化活动的主题感。

图 5.1.6　叙事法场所的再现

（四）主题道具展示和主题表现

1. 主题道具展示。主题道具展示是酒店主题性设计常用的手法。主题道具，尤其是互动式的主题道具以实物真实性为基础，它所构成的形象画面是真实的立体空间，是可以看到、听到、嗅到、触摸到的。与主题道具之间产生互动，可以让酒店的体验者有身临其境之感，得到其他设计手段所不能达到的真实感。主题道具的展示方式可以总结为以下三种。

一是串联式。串联式是将不同大小的平面与立体道具经过互相串联组织而成的布局方式。这种方式通常适用于规模较小的空间，尤其适用于较开敞的中小型酒店的主题展示空间。（图 5.1.7）

二是并联式。并联式是指在大堂、餐厅、客房等不同的空间，陈设相同主题，为了使空间与空间之间的组合更加连贯，常常强调相邻

图 5.1.7　主题道具串联式展示

图 5.1.8　主题道具在酒店大堂穿插式展示

空间中主题道具之间的相互渗透、连通和环环相扣。这样主题道具之间的联系能让人既不感到突然又不感到平淡，同时主题道具又随着空间的相互交叉形成一定的导向性，引导和暗示人们进入下一个空间，加强了主题情节的韵律感。通过这种方式布置主题道具可使情节的首尾前后呼应，更加连贯。例如在上海首席公馆酒店的大堂处，设计师将立体的老式三角相机、留声机、电影放映机等较大件的展示实物作为空间的分隔，而将较小型的或平面化的主题道具如古董家具、壁炉、相框等紧贴于隔断四周和墙壁。通过人们在其中不断穿行，构成了情节之间的相互并联以及不同主题道具之间的呼应与对比，丰富了人们多维度的感官体验。

三是穿插式。通常穿插式可在主情节线上所穿插的次情节线或小范围的展示空间内有目的地设置。运用穿插式展示道具，可以使其立刻成为该区域空间的视觉中心，获得与采用并联式不同的体验感。（图 5.1.8）

2. 主题表现。在酒店的主题性设计中，主题的表现形式与主题内容是密切相关的。结合以上对主题道具展示方式的研究，我们可以将其与酒店主题的关系做进一步引申，把酒店主题的表现归纳为以下四种形式：连贯式、片段式、集中式和延伸式。酒店由于主题内容的不同，必然也有各自不同的表现形式；而在同一个酒店的设计中，主题表现形式既可以是唯一的，也可以是多种形式的组合。

（1）连贯式。酒店陈设的主题一旦确定，设计必然需要自始至终地围绕主题进行具体表现，从一进门的酒店大堂、餐厅到以上各层的客房及书吧，设计的形式与风格遵循完全的统一连贯原则，否则酒店主题必然缺乏整体性。例如瑞亚地中海主题酒店的设计依托主题神话的叙事性展开，它以地中海文化为核心进行表现，其主题内容与风格自始至终都完全统一。URBN 上海酒店也是采用连贯式表现主题的典型，其内部的家具设计、墙壁立面的材料使用与瑞亚地中海主题酒店有着异曲同工之妙；URBN 上海酒店的大堂和客房均采用典型的现代简约设计手法，内部墙面使用的材料绝大部分都是取自上海本地的可循环回收材料，在材料设计上形成连贯和统一。

（2）片段式。片段式是分段地表现大主题或是重点表现大主题的某个局部，是对连贯式的补充和丰富。例如：大堂、会议室的空间宽敞，片段形式可以较长，陈设相对较多；餐厅、客房等空间功能性强、人流集中，宜采用较短的片段形式，点缀少而精简的主题陈设。如上海首席公馆酒店主题的片段式表现以酒店历史情节的展开和道具展示为主，内部墙壁上展示的历史图片多数采用纪实的客观表现，而大堂内放置的古董不仅是对内部空间和功能的划分，也是静态的片段展示。主题装饰物的陈列是其历史和人文内容的展示，这包括实物、照片和文献资料三个部分，设计师对三者进行了一定的安排。对于实物展示，设计师采用的是"点"状的布局形式，它多分布在空间中较为重要和人流路线交会的主要区域，如大堂休息区和楼梯过道处等，实物展示既是对酒店内部空间和功能的划分，也是静态的片段展示。照片和文献资料的展示采用的是类似"线"和"面"的布局形式。上海首席公馆酒店墙壁上展示的历史图片随着人流路线的走向而展开，数量不一地分布在楼梯过道及走廊处，这仿佛是一条条长短不一的摄影胶片，构成一幅幅动态的历史片段；相比而言，文献资料的展示相对集中，主要是在走廊的橱窗里进行展示。

（3）集中式。集中式的主题表现是相对于以上两种表现方式而言的，特点是利用主题符号或主题装饰物在某个特定区域内最大限度地营造主题氛围，形成群体的集中体验过程。集中式的主题表现主要是位于大堂的公共休息区、前台以及公共会议厅周边。一般来说，大堂的设计对酒店具有非常重要的意义，人们对于室内整体空间的感官体验很大程度上都来源于大堂设计所营造的主题氛围。上海首席公馆酒店的大堂大量并有序地放置了一系列只有在真实的旧上海才能一见的珍贵古董和文物，对迫切想了解旧上海人文历史的顾客来说是一个惊喜。人们不但可以近距离地逐一端详、细细品味，而且对于那些小物件譬如古董钟、装饰相框等甚至可以好好把玩一番。同时老式的留声机至今仍然播放着旧上海电影中的名曲，不禁让人感叹这些古董的迷人魅力以及设计师的独具匠心。上海首席公馆酒店集中式的文物展示直接形成了群体的集中体验，使人们从视觉、听觉、触觉等方面形成全方位的主题情感体验，这也是上海首席公馆酒店设计取得成功的重要因素之一。

（4）延伸式。延伸是指对原有主题内容的拓展和补充，挖掘新的发展空间。酒店主题的设计本身是一种商品，是商品就有自己的周期，因此主题的内容及其表现形式也有一定的周期。

迪士尼主题乐园酒店就是其中的典范。在迪士尼主题乐园酒店，游客一直可以看到米老鼠、唐老鸭等经典卡通形象，同时又会在最短时间看到花木兰、泰山等最新出现的主题形象内容。这样酒店就在保留经典的同时不断给主题以新的生命力，保持对不同年龄游客的吸引力。

（五）符号演绎与表达

酒店主题性设计的表现与符号之间也存在密切联系，可以归纳为以下两种。

图 5.1.9 装饰符号直接使用（服务手册）

图 5.1.10 装饰符号直接使用（房号）

图 5.1.11 装饰符号作为设计元素（门牌）

图 5.1.12 装饰符号作为设计元素（洗漱包）

1. 利用装饰符号表现主题。酒店内部的装饰形态对主题的表达起着关键性作用，主题符号的造型常常反映室内主题的内容和风格特征。在主题酒店的地域性设计中，主题符号的应用主要有以下两种。

（1）直接应用装饰符号表现主题。在酒店设计中将酒店地域文化中的某部分提炼出来直接以符号的形式表现，这里的符号可以是具有既定含义的图形或实物。如巴厘岛 Hotel Indigo Bali Seminyak Beach 酒店以热带花卉图形为原型设计的装饰符号，在酒店的服务手册、房号、指示牌、伞座、垃圾桶等地方都是以不同颜色、材质直接应用。（图 5.1.9、图 5.1.10）

（2）以装饰符号作为设计的基本元素表现主题。在对酒店的主题进行设计表现时，应综合考虑地域文化中的各要素，将文化元素融入设计。例如巴厘岛 Hotel Indigo Bali Seminyak Beach 酒店的门牌、洗漱包等，通过串联、并联的方式加以体现。（图 5.1.11、图 5.1.12）

2. 利用意指符号营造主题。意指符号是对主题符号的间接使用，它是采用一种对主题异化的方式，通过变形、夸张、象征的手法将主题的整体特征隐晦地表达，具有隐喻性。例如巴厘岛 Hotel Indigo Bali Seminyak Beach 酒店就在台面、地毯、浮雕的纹样中运用了大量的意指符号，实现

了对主题的表达。（图 5.1.13、图 5.1.14）

图 5.1.13   意指符号运用（台面和地毯）（左）
图 5.1.14   意指符号运用（浮雕）（右）

酒店内部的装饰形态对主题的表达起着关键性作用，主题符号的造型常常反映室内主题的内容和风格特征。如会议的标志、徽章、吉祥物等均属此类，将主题的整体特征尽量浓缩在一个符号之中，具有直接的视觉传达的作用。

【思考练习】

1. 简述酒店主题陈设设计及其特点。

2. 酒店主题陈设设计地域性特点与文脉精神相结合的表现方法有哪些？

3. 主题道具展示和主题表现的方式有哪些？

4. 简述主题性表现与符号的关系。

第二节   节日主题陈设和空间设计

【学习目标】

1. 了解节日主题陈设的创意设计方法；

2. 掌握节日主题空间的创意设计。

在一些重要节日里，如春节、元旦、元宵节、中秋节、国庆节、"五一"国际劳动节等，大堂一般要按照不同的风俗习惯和喜闻乐见的表现形式来装饰布置；逐渐被大众所接受的一些西方节日，如情人节、母亲节、圣诞节等也要适时布置。酒店节日主题的室内陈设除了要给客人以美感和喜庆外还要成为文化传播的媒介，通过它来弘扬中国传统文化、了解国外风俗民情等更深层次的文化内涵，以引起客人强烈的文化认同感。

节日的陈设设计包括酒店大堂、客房、餐厅和各种辅助区的整体形象设计，酒店节日主题应将其内涵通过陈设品在各功能区体现，使环境的主调与主题融合、对称与呼应，让顾客体验无处不在的节日陈设，烘托节庆欢乐的氛围。陈设装饰应与室内环境相互呼应，借助与节日风格相符的花木盆景、壁画织锦、诗词书法、艺术点缀、VI 系统（包括导向系统、指示标志、信息提示等），营造酒店独特的节日主题文化氛围。

一、节日主题陈设的创意设计

（一）运用自然元素塑造空间主题意境

在进行节日主题陈设设计的时候，为了满足顾客多方面的需求，可以充分运用植物和水体等元素来组成各种景致，因为人们对于水、阳光、空气和充满生命力的自然界总是本能地喜爱。特别是有些景致或花木代表一些特定文化，成为某种民俗文化的载体，因此节日主题酒店陈设可以根据节日的文化选择相应的花木来营造节日氛围。

如圣诞节是一个充满浪漫幻想和带有宗教传奇色彩的节日，被年轻人和孩子们所酷爱。在这样的节日里，大堂插花布置必须围绕"圣诞"这一主题，可选用圣诞树、圣诞花和松枝、松果等植物材料，以红、绿、白、金、银为主色调（图 5.2.1）。大堂里到处布满了各种各样的圣诞景致和插花。在主场景，有用松枝和花卉扎制而成的高大的圣诞树，上面星星点点地点缀着各种各样的小花饰、花束、金色的铜铃，用人造花制成的圣诞花朵，以及手捧鲜花的小天使等，满天星穿插于花卉之中，带来梦幻般的节日气氛。在银白色人造冰雕的周围，放满了用圣诞红插制的花卉装饰，形成强烈的色彩对比，把节日的气氛渲染到极致，让人们陶醉于圣诞的喜悦之中。

中秋节是重要的中国传统节日，赏月赏桂是必不可少的活动，使用桂花装饰或插花、酿制桂花酒和桂花茶，能满足金秋赏桂的节日特色，在视觉、味觉和嗅觉上同时给人以芬芳馥郁的享受，此外配上红叶、菊花等应季植物，浓浓的秋意扑面而来。

（二）运用色彩创造节日主题意境

节日主题酒店陈设设计可以选用不同色彩来创造不同的节日意境。人们对周围环境的视觉感受最为敏感的往往是色彩，对色彩的感受来源于人们的生活经验，对节日的色彩印象则是不同节日的民俗、文化和历史的综合体现。

例如：同为中国传统节日，春节陈设主色调宜使用红色，体现喜庆热闹（图 5.2.2）；中秋主色调可选用黄色，营造丹桂飘香、金秋月华的氛围；端午节则以绿色为主色调，取自粽子、艾草、菖蒲的节日陈设色彩。

（三）运用装饰物凸显空间主题意境

节日主题的文化和特色可以通过装饰物的造型与摆放表达出来，装饰

图 5.2.1　植物塑造的圣诞节主题意境

图 5.2.2　色彩塑造的春节主题意境（左）

图 5.2.3　儿童节主题的装饰物陈设（右）

物是构成室内主题的最快捷、最精确的陈设品。装饰物的使用应从以下三方面着手。

1. 代表性。每个节日的起源、传统、风俗、饮食、活动等各有千秋，形成了各自的代表物品，这些物品通过设计提炼，选择出节日代表性最强的若干种类来进行装饰陈设（图 5.2.3）。例如：元宵节最具代表性的是花灯，以彩灯装饰营造观灯猜灯谜的节日氛围；端午节的龙舟、粽子是象征性最强的装饰品。

2. 系统性。装饰品的运用应该包含酒店为顾客提供的一切设施、项目和服务。因此，它是个系统工程。例如：中秋节将月亮作为装饰主题，运用于大堂的灯饰，配合桂花主题花艺，营造折桂赏月景观；沙发座椅的靠垫选用月亮、桂花纹饰；餐厅菜单、桌面装饰也以赏月为主题；客房装饰的书画更换为吟咏月亮、写意婵娟的内容；服务人员的工作服或饰品点缀桂花图案；等等，保证各功能空间的联系性。

3. 互动性。酒店本身是一种体验性质的产品，所以在装饰物的应用设计过程中要考虑到顾客的互动性需求。例如：元宵灯饰结合猜灯谜活动，春节装饰摆设红包供顾客取用，端午节的粽子装饰可以起到促销的作用。

二、节日主题空间的创意设计

酒店的室内陈设最能体现出酒店节日的文化性，也是最能引起顾客共鸣的。从酒店的大堂到客房、餐厅，从地板到墙壁、天花板，每一处细节都需要精心地设计和布局，充分利用酒店内部环境同步为顾客营造节日的氛围，让顾客在酒店的每一个角落都能深深地感受到酒店的节日主题。

（一）节日主题大堂创意

在一些重大节日里，如春节、元旦、元宵节、中秋节、国庆节、圣诞节等，大堂一般要按照不同的风俗习惯和人们喜闻乐见的表现方式来装饰布置。

图 5.2.4　元旦大堂中庭的花
艺装饰

大堂花艺是表现节日氛围最重要的手段。比如：元旦是一年之始，设计时可突出"一日之计在于晨，一年之计在于春"的积极意义（图 5.2.4），花材可选用迎春、山茶花、白玉兰等早春开花的材料，色彩以淡雅的暖色为基调，给人以清新自然、充满无限希望的感受；春节是东南亚及我国传统的盛大节日，插花要体现欢庆、快乐、祥和的主题，花材可用唐菖蒲（节节高、一天比一天好）、富贵竹（吉祥富贵）、跳舞兰（欢快跳跃）、百合（美满幸福、和气生财）、水仙、仙客来等，色彩采用橙红、金黄的暖色调为主，以烘托热闹的节日气氛。

　　此外，大堂在节日期间可以根据陈设主色调，使用临时装饰物渲染氛围。例如：春节悬挂大型红色的中国结、红灯笼，点缀生肖的图案、大小玩偶；三月三以风筝装饰大堂空间；七夕布置满天星灯模拟星空银河的环境氛围；等等。节日氛围能使客人一进酒店便感受到扑面而来的节日情境，产生愉悦的节日文化体验。

图 5.2.5　节日符号装点客房
号码

（二）节日主题客房创意

　　酒店的首要功能区是客房，因此在节日主题客房的陈设设计过程中，首先要求陈设品的主题化，其次色彩也应和谐搭配。客人在入住到房间后通过各种感官感受到的和节日氛围相一致，才能真正体会到酒店的节日主题文化，才会强化对节日主题文化的认同。

　　在客房的创意设计过程中，对于节日文化元素的使用不能仅仅停留在表面，需要深入揭示节日文化的内涵。

　　首先，要给客人良好的第一印象。客人在进入客房前首先接触的是房间号码和客房公共区域，因此房间号码和客房引导系统可以使用节日意向化的符号来装饰或衬底（图 5.2.5）。比如春节时可粘贴"福"字，或以鞭炮挂件装饰，这样在客人进入客房前就已经感受到节日文化了。

其次，在客房的装饰上应该全面考虑到每个细节。客房物品在满足酒店星级评定标准的前提下，通过摆放彰显节日主题和表达内涵的装饰品、文化用品或赠品等细节来展示和深化节日主题文化。装饰品包括很多内容，同样是春节，可以使用中国结、福娃等艺术品装饰写字台、化妆台、吧台等处，墙上装饰年画，便签、信封等用品进行春节主题平面设计装饰，增加节日文化宣传手册等。客房一次性用具经过精心设计和包装本身就可以成为传递节日主题文化的装饰品，让顾客爱不释手、带走留念。节日可考虑为客人准备应景应时、装帧精美的伴手礼或纪念品，可以是春节的一个福娃摆件、冬至的一枝梅花，也可以是中秋的一只白兔玩偶、元宵的一盏花灯，既作为装饰增加客房节日氛围，又给客人带来节日的惊喜，作为小礼品也避免了陈设品过期废置产生的浪费。（图 5.2.6）

图 5.2.6   春节客房的应景陈设

最后，在客房设计的过程中不能千篇一律。每间客房除了名称不一样外，其陈设品、色调应有所变化，这样的客房能突出特点，从更深层次上体现节日主题文化的内涵，顾客会感受到节日的具象化氛围，因此可以考虑推出若干与节日主题相关、陈设变化的套房。

（三）节日主题餐厅创意

餐饮是酒店的重要服务项目，因此节日主题酒店也要设有既适应功能需要又与主题定位相一致的餐饮服务区域陈设设计。

首先，各餐饮服务场所的入口陈设要根据节日特点设计，结合餐厅类型特点增加花卉绿植、装饰物摆件、平面广告等美观而典雅、简单而易识别的节日主题陈设。中国传统节日对中餐厅要进行重点装饰陈设设计，西方节日对西餐厅进行重点陈设设计；陈设在符合酒店整体节日色调和风格的基础上，可使用应节的食材和食器等，如端午节的粽子、粽叶，万圣节的南瓜灯等。

其次，餐厅台面设计与节日主题相呼应。根据节日主题确定的主色调和点缀色，进行餐厅桌布、餐巾、椅套等布草和服务人员的工作服、饰品的色彩选择和设计，并在设计中融入节日主题图案等元素，同时与酒店建筑风格、室内设计、菜品设计相呼应，营造出美食、美器、美景为一体的主题文化氛围，形成独特的餐饮节日氛围，提高酒店的竞争力。

例如：春节的餐厅，桌布、椅套选用主色调红色，餐巾花选用点缀色金色；选用红色点缀餐具或梅花图案装饰餐具（图 5.2.7）；在椅套、餐巾一角绣上金色梅花点缀；筷套、牙签套也以红底金色梅花图案装饰。装饰图案可以用仿真梅花，如果资金充足，做得精致一些可以给客人当纪念品

图 5.2.7 节日餐厅美器（左）
图 5.2.8 春节的餐厅（右）

带走。

最后，要对餐厅进行相应的空间布置。根据主题文化进行创意设计，通过对主题文化的抽象化、象形化、色彩化处理建成主题突出、风格鲜明的餐厅和宴会包间。

如春节的餐厅，按照中国传统，宴饮时要灯火辉煌、喜气洋洋，所以，中餐厅一般喜用强烈明亮的光色、朱红圆柱、宫灯、圆洞门等传统装饰来渲染热烈喜庆的气氛。餐桌可以设置看台以示欢庆，选用春节代表物件灯笼、中国结、春联、窗花、鞭炮、梅花等陈设品组合设计（图 5.2.8）；服务员在红色传统服装上点缀金色中国结胸饰或金色梅花头饰、金黄色头巾等；餐厅空间也可以装饰梅花，采用主色调同色系的粉色做仿真花、纸艺花装饰墙面、顶棚，或垂吊、或粘贴、或放置，烘托整体氛围。

除了以上三点外还可以通过提供特色酒水、设计精致菜单等方法体现节日主题文化。节日主题的餐厅陈设是节日酒店产品体系中不可或缺的重要组成部分，需要不断地加大开发的深度和广度。

（四）节日娱乐设施创意

食、住、行、游、购、娱是旅游的六大要素，欢庆节日时娱乐的功能不容忽视，尤其对于酒店业而言，娱乐同餐饮和客房一样举足轻重。随着人们生活水平的提高和消费方式的改变，客人对酒店娱乐设施的使用也越来越频繁。酒店娱乐设施在节日的特殊陈设设计，应结合节日特点、民风民俗、时尚活动等方面进行。首先要选择那些最能让顾客高兴的节日特色娱乐项目，并且让这些娱乐项目适应酒店的主体功能和节日主题文化，提供给客人一个独特的娱乐空间，给客人留下深刻的记忆。

例如春节可以在大堂等候区域陈设笔墨纸砚，找书法高手写春联赠送客人，甚至可以让客人兴之所至自己动手写春联（图 5.2.9），营造欢快的娱乐场景，同时

图 5.2.9 写春联

也是提高节日氛围的文化陈设。根据各种节日的民俗，猜灯谜、对歌、赛花、
春米、织锦等都可以在酒店内适时陈设活动场景和设施，为节日助兴。

【思考练习】

　　1. 如何运用装饰物突出节日空间主题意境？
　　2. 简述酒店功能空间的节日主题创意设计。

【设计实践 5.1】

　　酒店春节主题陈设设计。

第三节　喜庆主题陈设设计

【学习目标】

　　1. 了解喜庆环境的装饰方法；
　　2. 掌握喜庆主题空间的陈设设计。

　　我国的传统喜庆习俗主要有婚礼、祝寿、满月等活动，现代各类庆祝
活动更多，如乔迁、生日、升学及各种周年庆等。主题活动根据需求及酒
店的布局，对各功能空间的场地，从天花板、地面、窗帘、台布，到舞台
背景墙、墙面装饰画、花艺、绿色植物、餐桌、台面等都要进行设计，要
用色彩、灯光、装饰物、背景音乐营造场景和气氛，渲染和衬托主题。喜
庆的陈设设计一般的做法是大堂、宴会厅、客房等处在色彩、纹样和材质
方面根据喜庆习俗进行系列配套，同时体现文化内涵和不同主题喜庆的特
色。它不仅要求陈设品本身的每个独立的部分与整个系列相配套，而且必
须与室内的整个环境氛围相配套。比如：在公共空间，帘幔、沙发巾、桌
旗等装饰品要系列化、配套化；餐厅的桌布、椅套、餐巾等要系列化。在
个人的私密空间，比如客房，纺织品的这种配套化、系列化就显得更为重
要了；床上用品、沙发、地毯、窗帘、睡衣、浴巾等要系列化；客房的地
毯和室内窗帘、沙发、床上用品之间在色调、图案上也最好彼此呼应、系
列化。越是高级的酒店，这种配套化、系列化的服务越是做得细致到位。

一、喜庆主题陈设的相关因素

（一）喜庆主题定位

　　任何一个酒店陈设设计师在设计酒店的整体陈设之初需要考虑的都
是要塑造什么主题，也就是要符合喜庆的市场需求进行定位。主题定位的
内容包括：喜庆是什么类型的，规模怎样，是豪华的还是中低档的，喜庆

图 5.3.1　望子成龙宝宝宴

的客户需求是什么，等等。陈设设计时的定位要有强烈的喜庆气息以及功能鲜明的环境氛围。比如：隆重的婚礼要考虑中式还是西式，浪漫唯美还是热烈辉煌；祥和的寿宴可以是温馨的亲情欢聚，也可以是高雅的文会宾朋；生机勃勃的宝宝宴有宝宝喜爱的动漫型主题、家长望子成龙的期望型主题等。（图 5.3.1）

（二）酒店经营与管理

在进行酒店陈设设计的时候还必须考虑经营与管理。陈设设计是深入酒店经营方方面面的过程。前厅、客房、餐厅、酒吧、茶室等，很多酒店功能的组成部分都应成为陈设设计的重点。酒店陈设设计师在某种程度上讲是为管理者服务的，陈设设计能为管理者提高效率、减少消耗。当今酒店陈设设计和建筑装修需要的是不断地创新，酒店的陈设设计要适合酒店的经营和管理，也要适应酒店的经营理念。在酒店陈设设计中，经营者要向陈设设计师提供一个功能表，设法使他们明白酒店的经营活动和日常工作是如何进行的；只有陈设设计师透彻了解酒店的经营过程，才会为管理者设计出最富有效率、最经济实用的主题活动。一个完美的酒店陈设设计，其根本宗旨并不是炫耀自身的珠光宝气，也不是满足于人们的观赏和赞叹，而是用心考虑如何使其实用和实现赢利。

（三）顾客的心理期待

顾客就是上帝，满足客人的需求无疑是酒店陈设设计需要下大功夫解决的问题。首先要仔细研究客人的喜好，他们的兴趣会引导一切。对客人兴趣的研究要深入、具体。比如他们对材质的感觉、对颜色的偏好，他们喜欢什么样的娱乐活动，这些都构成了客人的需求。客人对酒店的印象和感受是影响客人能否再次光临酒店的重要因素。在不少名声在外、效益良好的酒店里，当客人步入大堂时立刻就能感到一种温馨、放松、舒适和备受欢迎的氛围。这点极其重要，原因在于所有人在来酒店之前，在心里都会对酒店怀有一种潜在的期待，渴望酒店能够具备温馨、安全的环境，进而渴望这个酒店能给他留下深刻的印象，最好有点惊喜、有些独特，是别的地方所没有的。这样，一次经历就会成为他未来回忆的一部分。酒店的投资人迎合客人心理需求才会产生好的回报，而通过设计来满足这个需求是酒店陈设设计者责无旁贷的任务。

考虑上述主要影响喜庆主题设计的几个因素之后，优秀的喜庆主题陈设设计就具有了先决条件。陈设设计时还需要通过材质、色彩和造型的组合运用，来体现主题的特色与风格。特色与风格是区分自身和他人的重要标志，没有了风格，再费心思的设计也难以脱颖而出。实现主题的特色与风格，要在设计陈设时充分考虑喜庆的地域性、文化性，注重时尚与创新，融入顾客的精神取向和文化品位。

二、喜庆意境的营造

意境是中国特有的美学范畴，它是属于主观范畴的意与属于客观范畴的境二者结合的一种艺术境界。酒店喜庆主题陈设的意境，从意的主观范畴来看，指的是顾客、设计者及制作者情感、理想的主观创造方面。从狭义方面讲，制作者在艺术形象的塑造中所流露出来的思想感情，称为"意"，"意"的特征是情与理的有机统一。"境"属于客观范畴，指艺术形象所反映的生活画面，"境"的特征是形和神的统一。

（一）立意在先

酒店喜庆主题陈设设计中的"意"，是顾客、设计者以及制作者学识、修养的集中表现，是其审美素质的反映。

意境之美，美在当观览者感知意构线索后，通过回忆联想所唤起的"表象"和情感，是物外之情、意域之"景"。它不是人们通过视觉、听觉直接从审美对象上感知到的，而是"触景生情"达到"情景交融"的境界。

（二）适当点题

酒店喜庆主题陈设设计可配以匾额、对联、诗句、题咏、园名来寄托设计者的感情、意向。好的题咏，可以加深意境，起到画龙点睛的作用。

三、喜庆环境的装饰

（一）帘幔

帘幔的设计要注意以下几点：根据主题色彩设计，使用主色调、背景色，起到衬托主题的作用（图5.3.2）；材质要呼应主题，如浪漫的婚礼使用唯美的透明纱、祝寿宜用厚重的织锦或丝绒、生日派对适合反光闪亮的面料等；如从方便和节约角度考虑，也可在原帘幔上进行装饰，可以添加流苏、彩条、

图 5.3.2 喜庆环境装饰——
帘幔（左）

图 5.3.3 喜庆环境装饰——
地毯（右）

彩灯、主题图案等，同样起到呼应主题、色彩和烘托氛围的作用。

（二）地毯

与主色调协调，地毯的装饰图案选用主题装饰图案或与主题相协调的图案；材质根据主题活动类型和空间功能选择，主题活动舞台、仪式区域可使用羊毛地毯，宴会厅就餐区域可使用易清洗的材质；大堂、客房地毯一般局部铺设，起到分隔空间的作用，宴会厅可以满铺，形成大气的整体空间。（图 5.3.3）

（三）墙饰

墙饰起到点缀作用，可采用点缀色；装饰物除了工艺品、书画、图片，还可使用植物、花艺等自然元素，增加空间隆重热烈氛围的同时，更具生态性和艺术性；墙饰与空间大小要匹配，客房一般使用精致小巧的装饰品，宴会厅、大堂等大空间可使用连续、重复等方法组团性装饰。墙饰还有点题的作用：对于一般婚宴，在靠近主台的墙壁上挂双喜字、贴对联（图 5.3.4）；对于寿宴，则通过挂寿字、贴对联等烘托喜庆的主题。

（四）摆饰

签到迎宾台、甜品台、宴会的看台、客房各处台面可使用与主题相关的物品来摆设（图 5.3.5），比如婚礼上可摆放喜糖、喜蛋、红烛、对偶及

图 5.3.4 喜庆环境装饰——
墙饰（左）

图 5.3.5 喜庆环境装饰——
摆饰（右）

相关用品和工艺品；举行大型隆重的主题宴会，少不了要在宴会厅周围摆放盆景花草，或在主台后面用花坛画屏、大型青枝翠树盆景做装饰，用以增加宴会的隆重、热烈气氛。

四、喜庆主题空间的陈设设计

（一）大堂的陈设设计

大堂是酒店的门户和窗口，喜庆活动中主要在入口迎宾空间进行主题性布置，一般有主题背景板、引导指示牌等。美观大气而又新颖独特的花艺作品能吸引人眼球、为主题添彩，能让客人在感受喜庆主题氛围的同时仿佛置身于大自然，带给客人轻松、愉快、舒畅的心情，为喜庆活动营造高雅、热烈、欢乐的气氛。花艺与主题背景相结合形成迎宾空间（图5.3.6），美好的场景可供宾主合影留念。大型主题活动的大堂陈设一般有鲜明的时间性和活动主题烙印，所以一定要注意及时更换、应时应景，以防给人留下时光错乱的影响。

（二）宴会厅的陈设设计

喜庆主题宴会讲究就餐环境气氛和情调，但应在满足功能的前提下进行陈设设计。宴会厅是喜庆仪式的载体，其布置应根据宴会性质和档次的高低进行设计，以呼应主题，营造隆重、热烈、美观、优雅的活动仪式和就餐环境。

1. 台型布置（图5.3.7）。大型中餐宴会的台型布局围绕"中心第一，先右后左，高近低远"的原则来设计。西餐宴会台型不突出主台，提倡不分主次；空间布局应留有宾客入席通道和服务通道，桌与桌之间要留不小于1.2m的宽度，主宾席区通道宽度应略大于其他席区；行走线路的方向要有秩序，避免相互交叉。

2. 台面布置（图5.3.8）。主题摆台是指以传统摆台为基础，运用凸显主题的饰物、餐具和色彩搭配来摆设成的台面。既能满足就餐者的需要，

图 5.3.6　大堂陈设设计（左）

图 5.3.7　宴会厅台型布置（右）

图 5.3.8 宴会厅台面布置
（左）

图 5.3.9 宴会厅台布和椅套
（右）

又能通过台面反映的主题烘托就餐气氛。因此，主题摆台带有传统摆台的共性，又呈现出自身的特点。具体来看，主题摆台设计包括：台布及椅套的设计、餐巾折花、餐具及杯具的选择、主题插花、菜单及酒单的设计。

（1）餐桌台布和椅套。台布和椅套的质地和色彩对渲染宴会厅的整体气氛起着重要的装饰作用（图 5.3.9）。餐桌台布一般是纯棉或含化纤的织物，经上浆处理后可变得挺括、防止纤维起毛并有良好的观感。白色台布配上白色的餐巾叠花，显得纯洁干净；配上红色的餐巾叠花显得热闹喜气。西餐宴会也会用花格桌布，如白底绿方格桌布、白底红方格桌布。为突出风格，有的宴会在台面设计时同一空间中用两种不同颜色的桌布，有的还用双层不同颜色的台布装饰桌面，以创造多样的色彩和灵活的格调。许多酒店的宴会厅和小包间为了显示豪华和隆重，常加铺打褶的台围。台围一般用棉布、绒布、丝织物做成，丝绒质感、光泽和下垂感好，深受豪华宴会厅客人的欢迎。台围以红色为多，能创造喜庆气氛。如果是中间有空的椭圆形、长方形、正方形宴会桌，须用两层台围，两层可以用同一种颜色、质料的，也可不相同。椅套可与台布在面料与色彩上一致，形成整体，显得庄重、整齐；也可形成反差，则富有层次感，显得丰富、活泼。椅套可以适当装饰，刺绣、蕾丝、印花、飘带等，均可配合不同的宴会主题营造、烘托氛围。

（2）餐巾。餐巾又名口布、茶巾，目前流行的花型有 300 余种，常用的有 100 余种。餐巾花型依表现内容可分为：植物形象，有兰花、桃花、梅花、牡丹、荷花、鸡冠花、竹笋、仙人掌、卷心菜、寿桃；动物形象，有孔雀、凤凰、鸽子、鸳鸯、燕子、天鹅、鸵鸟、长颈鹿、小白兔、蝴蝶、金鱼、对虾等；实物形象，有王冠、花篮、僧帽、领带。餐巾造型可以根据不同主题选择有象征意义的花形，给宴会增添轻松欢快的气氛，给宾客以艺术美的享受（图 5.3.10）。餐巾造型在宴会上主要有以下几方面的作用。

图 5.3.10 宴会厅餐巾折花

一是渲染气氛。餐巾造型玲珑别致、栩栩如生，点缀、美化席面，渲染宴会气氛。中餐宴会喜用红色餐巾造型，使宴会充满喜气洋洋、和谐而热烈的气氛；西餐宴会一般用白色餐巾造型，给人纯美、洁净的感受。

二是展示内容。宴会上所用餐巾造型是根据宴会的内容加以选择的，所造花形与餐桌上其他摆设构成了完整的主题，展示出宴会的内容。譬如：用并蒂莲可表示永结秦晋之好，用双凤比翼庆贺新婚之喜，用双焰红烛表示崇高的师德，等等。

三是标志席位。例如：用孔雀开屏表示主宾席位，用和平鸽表示主人席位等，既使整个席面充满和谐与美好的气氛，又便于宾客步入宴会厅后就能分清主次位置。折花穿插使用，主要宾客用拉花，其他宾客用普通折花，则可显出主要宾客的高贵。

（3）餐具。餐具选择时要兼顾美观和整洁，餐具是一项实用艺术品，其纹样、色彩、材质都能体现主题和档次。在喜庆宴会上，将菜肴"年年有余"（松仁玉米）盛装在用椰壳制成的粮仓形的餐具中，表达了宴席的主人盼望来年再有个好收成的愿望。在寿宴中如用桃形小碟盛装冷菜、桃形盅盛放汤羹或甜品等，则桃形餐具点出了"寿"这个宴席主题，渲染了宴席贺寿的气氛。再如，在"八仙宴"中选用八仙人物造型的餐具来盛装菜品，能将"八仙"这个主题突现出来，同样也起到了渲染宴席气氛的作用，进而激起客人的联想与食欲。此外，注重艺术性和主题性的前提是考虑餐具的功能，不能影响其使用，同时整体具有洁净的观感，能使客人提高就餐情绪。（图 5.3.11）

（4）花台。很多经验丰富的设计师会在餐台花艺设计中灵活地应用变化型手法，创作丰富多彩、可简可繁的餐台花艺作品。现代花台设计中，更多地使用各种摆件进行点缀，能更好地凸显主题。（图 5.3.12）

（5）菜单装帧。菜单装帧主要体现在材质、形状、大小、色彩、款式及印刷和书写等方面。其要求如下：在字体的大小上应以适宜目标客户阅读为主要根据；在字体的选择上则可灵活行事，若中式餐饮，可采用飘逸的毛笔字，若是儿童菜单，可选用幼稚活泼的卡通字，若是寿宴，可选择古老的隶书，若是正规宴会菜单，则宜选用端庄的字体；菜单上的色彩应

图 5.3.11　宴会厅餐具（左）

图 5.3.12　宴会厅花台（右）

图 5.3.13 宴会厅菜单装帧（左）

图 5.3.14 宴会厅花艺（右）

与陈设设计中的色彩设计协调，可使用主题色系，也可使用点缀色，宜淡不宜浓，宜简不宜多，否则会影响效果；菜单平面设计中可使用主题装饰图案；菜单材质、款式的选择应体现别致、新颖、适度的准则。（图 5.3.13）

3. 花艺和绿植。中式宴会宜选用具有古典韵味的植物装饰，如梅、兰、菊、竹的使用可结合假山石及小的水流营造古典园林的氛围；兰花可用作盆栽置于台柜上，使宴会厅中幽香阵阵，顿生高雅之感，但最好不要用极芳香的品种，以免冲淡了饭菜的香味；菊在中式插花中常与鹤望兰、唐菖蒲、文竹配合使用，形式多样，变化无穷。

西式宴会为人们营造的是高雅、宁静、富有格调的环境，因此，在植物的选择上要注意选取色彩素雅的植物，如白色的马蹄莲、淡绿色的竹芋等；较为气派、大方的宴会厅在明亮的大厅使用散尾葵等高大植物。

现代宴会的花艺绿植布置创新性强，在绿植和鲜切花的基础上，使用仿真花、工艺装饰品进行花艺创作，有些甚至用气球等替代，与灯光相互映衬，形成流光溢彩的场景布置，均能起到烘托氛围的作用，婚宴的浪漫、寿宴的喜庆、宝宝宴的可爱表达得淋漓尽致。（图 5.3.14）

4. 工作服。中式宴会服务人员的着装应根据宴会的整体风格特点选用中国传统民族服装，体现出中华民族特有的文明礼仪和审美情趣，同时注重服装的整洁、得体、大方和统一。如女服务员的中式大襟上衣或旗袍，就充满古色古香的风韵。（图 5.3.15）

（三）客房的陈设设计

一般在喜庆活动中酒店提供给顾客客房供宾主临时休息，或路程较远的来宾住宿使用。客房的陈设应体现喜庆主题，特别是主人使用的客房应营造浓浓的主题氛围，主要从以下几方面进行陈设。

1. 布艺。客房的床尾搭、抱枕、沙发靠垫、局部铺

图 5.3.15 宴会厅工作服

设的地毯等可以按照设计的喜庆主题色或主题装饰图案配置，以暖色调为宜，营造温馨的感觉；卫浴使用的大小毛巾、浴衣等除了在色彩纹样方面精心挑选外，还可绣制主题装饰图案等具有纪念意义的图案或文字，供客人收藏。

2. 花艺与植物。客房的花艺可与大堂、宴会厅的场景在色彩、品种上相呼应，可与贵宾果篮相结合，但设计应简洁耐看，富有艺术气息，主要在视听柜进行装饰；写字台、茶几，甚至床上可点缀敷花；卫浴处用小型瓶插一朵花配少许绿叶即可，也可以花瓣敷花替代。客房花艺应主次分明，多则烦琐凌乱。

植物盆栽只能在室内空间较大或有阳台的前提下摆放，盆栽植物选择应景的观花观果品种，可选整齐收敛型的中小型盆栽或寓意吉祥的盆景。

3. 装饰品。根据主人的喜好，可在房内墙面挂画、书法或主人的纪念性照片；书桌或茶几上可放置小型吉物摆件、贺卡，装饰精美的点心、甜品等，既为装饰，亦为伴手礼、纪念品；卫生间洗漱用品可采用经过主题设计的洗漱包，或在洗漱用品的选择上更精致、点题。

【思考练习】

1. 如何着手喜庆主题意境的营造？
2. 简述酒店喜庆主题空间的陈设设计。

【设计实践 5.3】

酒店婚礼主题陈设设计。

第四节　会展主题陈设设计

【学习目标】

1. 了解酒店会展主题陈设的特征；
2. 掌握酒店会展主题空间的陈设设计。

随着人们生活品位的提高和社会分工的细化，在酒店举办会展活动既是一种时尚，也是社会资源合理利用的发展趋势。因为，作为会展活动的举办方，委托酒店举办主题活动不需要自己建造大型活动场馆，不需要自己购买各种活动必需的设施设备，也不需要培养自己的策划队伍和服务人员，只需要在准备举办会展活动前委托自己信任的酒店，会展活动就可以举办了。委托酒店举行会展活动，能为举办方减少巨额投资、压缩编制，是一件非常"划算"的事。而作为酒店本身来说，无论是承揽大型会展活动还是自身举办大型会展活动，都能聚拢人气，增加营业收入、降低经营成本。所以，在酒店内举办会展活动是一件"双赢"的事情。成功地举办会展能增加企业的影响力，提高酒店品牌的美誉度，增加酒店的收入。

一、会展主题陈设的特征

酒店会展主题陈设具有以下特征。

1. 会展主题陈设拉动酒店会展业务，可以促进顾客对酒店相关服务的需求，特别是对餐饮、住宿、娱乐等需求的刺激更强。

2. 由于酒店产品不可储存性的特点，会展活动的各项需求在特定的短暂时间内集中发生，会展主题陈设一般都是在会展期间进行并发挥作用，结束以后需要及时清场。

3. 会影响酒店经营收入的变化。随着会展需求的快速发展，那些能满足人们对商务、社交、文化交流等方面需求的酒店会展活动也日益增加。优秀的会展主题陈设设计会促进酒店的经营，提高酒店的收入。

4. 会展主题陈设与其他主题不同之处在于其营造的氛围主要是商务性而非娱乐、喜庆。

5. 会展活动的性质决定了其 VI 设计的重要性，好的 VI 设计能为主办方的消费增值，从消费型消费转变为创意型消费，满足现代人求新求异的心理，是会展主题陈设设计"定制化"的前提。

二、会展主题空间陈设设计

会展空间的陈设设计，一般指利用形状、色调、材质进行各空间布置，以适应会展中心内容的需要，起到突出主题和烘托气氛的作用，达到主题宣传的实质目的。拟订陈设设计的方案时，要讲究一定的科学性、合理性和艺术性，更应细致周到。

在规模较大的会展活动中，需要根据不同的场地情况和不同的主题要求进行会场装饰及布景，这样可以体现主题的专业性，使服务更加周到和人性化。比较复杂的场地往往还需要其他更多装饰及布景（例如气球、字画、布艺、展示制作等）。

（一）酒店会展主题的大堂陈设设计

会场环境的美化对活动本身具有很强的视觉影响力和感情穿透力，因此，大堂布置一定要注意环境因素的作用，才能在入口处体现出主办方的诚意。大堂是会展活动的序幕，商务性消费需要一个开门见山的主题性场景，因此大堂的陈设设计要直白点题，将会展的外壳包括主题、主办方、参与对象、会展的等级、精密的组织、良好的服务等展示出来，让与会者对会展感觉值得期待。（图 5.4.1）

大堂陈设的重点有两个方面，一是场景装饰的热情氛围，二是 VI 设计的充分展示。

首先要通过场景陈设设计传递热情和友好，主题花艺是个重点，中西式均可，现代花艺形式自由，能与主题背景板等 VI 系统有机结合、相互映衬，也是很好的选择。国际性会展活动要注意来宾国家或民族的习俗禁忌，例如：欧美一些国家非常喜欢红色的郁金香和月季，而另外一些国家却喜欢白色的花朵，如白色百合、白色马蹄莲等；日本客人不用菊花插花；意大利人忌讳黄色；非洲客人喜欢大红大绿的对比色，忌用太多白色；等等。

图 5.4.1　大堂的会展主题场景

VI 设计在主题背景板、指示牌、签到簿、笔和笔记本上设计植入，对会议资料要进行精心设计，特别是订制的会议指南、资料袋、纪念品等展示会议个性的物品，其形式、内容都要有创意，令人爱不释手。（图 5.4.2）

（二）酒店会展主题的会展场地设计

会场布置不仅包括主席台设置、座位排列、会场内花卉陈设等，同时还要考虑会议的性质、规格、规模等因素。会场的整体格局要根据会议的性质和形式创造出和谐的氛围。会场整体设置包括会场地点、大小、形式的选择和色调、装饰布置、附属设施及座次排列，也包括相关或毗邻的建筑物、通道和区域的美化等。利用色调、尺寸和装饰进行会场设计布置，适应会展中心内容的需要，起到突出主题和烘托气氛的作用，达到企业宣传的目的。此外，会议场地的环境设计是给人总体印象的软实力，基本要求是烘托主题和满足顾客的需要。环境设计的主要手段是满足人的五种感觉，即听觉、视觉、触觉、嗅觉和味觉。（图 5.4.3）

1. 听觉环境设计。包括背景音乐、主题音乐和演讲扩音效果，其物质基础是音响系统，好的音响效果是制造会展主题活动良好听觉环境的前提

图 5.4.2　会议资料（左）

图 5.4.3　会场环境（右）

条件。背景音乐、主题音乐应该与会展的主题相得益彰，能够烘托主题，产生独特和强烈的听觉感染效果；重要的会展活动可以请音乐家创作主题曲、主题歌等。

2. 视觉环境设计。一是由符号系统和视觉效果来营造。它主要包括各种会徽、会标、标语和标识，能够引导与会者体验和感受活动主题。其中，会徽、会标为会展主题活动的图形标志，必须保持画面、比例、展示方式的一致性和连贯性，从而产生持续不断的视觉强化感应力。二是由会场的陈设品营造。地毯、帘幕、桌布、椅套、茶杯等实用物品的色彩、图案要与会展主题色彩相协调；花卉植物的陈设要端庄大气，色彩不宜太多太浓；墙面可适当使用与会展相关的图片装饰；茶歇处可设置商务广告，色彩图案简洁大方、呼应会展主题即可。

3. 触觉环境设计。触觉环境由可产生触摸感觉的物质材料系统所构成，主要包括会议指南、宣传手册、纪念品、桌布、椅套等。触觉环境可以引导与会者感受会展主题活动的规格和风格，从而烘托其主题。（图 5.4.4 ）

4. 嗅觉环境设计。嗅觉环境由人造或自然气味来营造。在会展主题活动的不同阶段和不同的会展内容，嗅觉环境应有所变化，以满足与会者在不同条件下对嗅觉感受的不同要求。会展场地气味的应用应注意浓度的控制，清新自然就好，一般应设置为中性场所，以便适应大多数与会者的需要。气味的调节有多种方式，一般在会议前通过空气清新剂调节，也可以通过花卉淡淡的自然香味来调节。

5. 味觉环境设计。味觉环境主要是茶歇区域，由食品和饮料系列构成。食品与饮料的选择既要满足与会者尝鲜的需要，还应适应其饮食习惯，同时还要能反映会展主题活动的主题与背景特征。青年与老年在食品与饮料的辛辣、甜酸需求程度上有着较大的差异，东方人的活动与西方人的活动、

图 5.4.4 通过布艺进行触觉环境设计（左）
图 5.4.5 会议茶歇（右）

官方活动与民间活动在食品与饮料的规格、摆台和进餐方式上也有着明显差异。（图5.4.5）

会展主题活动的环境要符合并烘托活动主题，为其实现预期目标奠定基础。因此，在运用环境设计的五种感觉手段时，应注意彼此的协调和最终的综合效果。活动参与者因文化、年龄、性别等方面的差异对五种感觉的反应各有不同，这就要求会展主题活动的设计者针对具体活动和活动的主体感受人群进行调查，从而确定主体感觉手段，并围绕主体感觉手段协调次要感觉手段，最终实现最佳的综合感觉效果。

（三）酒店会展主题的宴会厅陈设设计

会展活动并不是孤立的会议，它有一系列配套需求，其中餐饮和住宿是必不可少的需求。

会展期间的宴席属于正式公务宴请活动，参加者要遵循正式的宴宾礼仪，宴请带有鲜明的商务和政治色彩，宴会陈设设计氛围比较郑重和隆重。要尽量了解宴请双方的嗜好和民族禁忌，在宴会陈设设计中要迎合宴宾双方的喜好，表现双方的深厚友谊，使洽谈在一种热烈、友好、和谐、互利、共勉的氛围中进行。（图5.4.6）

1. 宴席陈设隆重、符合礼仪。由于会展宴席的宴请目的和宴请性质是很鲜明的，这也就决定了其陈设与普通宴席以及私人宴请宴席有所不同。特别是国宴宴会厅装饰华丽，布艺设计大到帷幕、地毯，小到台布、椅套、餐巾都要在花纹和色彩等方面选择具有国家代表性的；花艺和绿植不但要选择国花或代表国家文化的品种，在花语方面精心搭配，还要避免双方的禁忌；装饰品不论是墙饰还是桌面陈设，宁缺毋滥，关键是要有文化性、有内涵，气韵高雅；花台设计要强调地域标识性，以简洁的设计语言和符号性的摆饰加上优雅的花艺形成精美的桌面场景布置。一系列的陈设设计营造的宴会环境高贵典雅，氛围热烈庄重。正式宴会应根据外交部规定决定是否悬挂国旗。国旗的悬挂按国际惯例以右为上，左为下。我国政府宴请来宾时，中国国旗挂在左边，外国国旗挂在右边；来访国举行答谢宴会

图5.4.6　会展宴会厅（左）
图5.4.7　会展宴会中的听觉设计（右）

图 5.4.8　会展宴席菜单（左）
图 5.4.9　花卉形状的菜单设计（右）

时，则应相互调换国旗位置。有正规的管弦乐队或军乐队演奏双方国歌、迎宾曲、欢快的民族乐曲等。（图 5.4.7）

正式宴会设有致辞台，致辞台一般放在主台附近的后面或右侧，装有麦克风，台前用鲜花围住。

2.讲究宴席菜单、席位签的设计和制作。宴席菜单也称宴席席谱、席单等，也是酒店最重要的名片，是宴席陈设中非常重要的一个环节（图 5.4.8）；席位签是就餐者参加宴饮活动的座次安排，对出席者起到了很好的引导作用，特别是在正式的宴会中，能避免出现就餐者因坐错位置而尴尬的局面。由于会展宴席是一种正式的宴会，因此特别注重宴席菜单和席位签的设计和制作，以提高宴席的档次规格，突出礼仪的隆重。

宴席席单的种类比较多，如果按照制作的材料分，主要有纸质、瓷质、丝质、竹质等多种形式；如果按照席单的样式分，主要有扇面式、宫门式、卷轴式、竹简式等。无论何种材质、何种样式，其制作都很精美，显示宴席的规格和礼仪。（图 5.4.9）

宴席席位签的形式相对比较单一，一般为纸质材料，但印刷精美。如果是国宴，其席位签上方会印制国徽；如果是商务宴席，其席位签上方会印制企业徽标；如果是省市招待宴席，其席位签上方会印制省市徽标，或省市花，或省市卡通吉祥物，或行业协会徽标等，下方书写宾客姓名，一般为打印字体。

3.根据会展类型确定宴席目的，形成陈设设计的愿景。会展主题活动的宴席目的性很强，往往通过菜单设计、宴会布置、氛围营造、服务礼仪设计、宴会背景音乐的选择等手段营造就餐氛围，达成宴会的交际目的。

商务型的招待宴席可通过悬挂条幅，摆放致辞台、友好合作台等方式营造宴会商务洽谈和良好就餐氛围，使宴席高潮迭起，增进双方友谊，达到互惠互利的商业目的。国宴可通过悬挂参与国国旗、演奏国歌、仪仗阅兵、演奏欢快的民歌、用鲜花布置宴会厅、服务人员着民族服饰等多种方式营造良好的国际交往环境，互相尊重，友好互访，达到长久往来、长期合作的政治目的。例如 2008 年北京奥运会欢迎晚宴上，正面背景墙上绘画北京奥运会徽标和祥云，侧面则是我国国花牡丹图案，对面是厨师作品冰雕奥运吉祥物福娃等，营造出了欢迎、吉祥、和谐、友好、拼搏的奥运精神氛围。政务招待型宴席可通过地方曲艺、民族文化展示、民间文化等多种形式的陈设设计营造良好的就餐氛围，借助宴饮活动平台对外宣传自己，树立自身形象，服务于民，造福一方。

4. 会展主题宴席的花艺特点。一是花艺作品迎合宴会主题。二是花艺作品造型中西合璧，以水平形或规则几何图案为主。会展宴席的招待对象是多层次的，既有国人，也有外商；既有政治人物，也有商人等。所以在充分尊重宾客的习俗和习惯的同时，其花艺作品也要凸显中西文化的内涵。如果花艺作品造型中西合璧，则会营造热情友好、轻松自然的就餐氛围，同时还会体现宴会的高规格和目的性。三是花艺作品注重选材和命名。一件成功的花艺作品，不但要注重花艺技巧技能的运用，同时还要特别注意作品材料的选择，既要突出作品的意境、特色，还要突出作品的民族风情和特性，呼应会展活动的主题。（图 5.4.10）

5. 宴会厅嗅觉环境应有所变化，以满足与会者在不同条件下对嗅觉感受的不同要求。例如：香水和蜡烛的使用有助于营造西方历史和宫廷嗅觉氛围；植物和花卉的使用有助于营造乡野和田园嗅觉氛围；檀香的使用有助于营造中国皇宫和寺院嗅觉氛围。气味的应用应注意浓度的控制，同时还应设置中性场所，以便适应不同顾客的需要。

（四）酒店会展主题的客房陈设设计

客房是会展主题陈设中最私密场所，陈设设计不宜渲染太多政治或商务氛围，只需在温馨舒适、放松自在的基础上，体现精细、热情的服务，仅使用会展活动指南等实用印刷品点一下题。（图 5.4.11）

具体陈设布艺方面，色彩、图案、材质要沉稳安静、大气舒适，成

图 5.4.10　宴席花艺（左）

图 5.4.11　会展客房陈设（右）

为与会者在一天的商务交际活动后能静心休息的空间和加油站；墙面装饰可选择意境深远的写意山水、书法作品，令人静心又具有雅致的品位；可布置一盆小型花艺，与果盘结合设计，兼具艺术性与实用性。如果是套间，可以适当布置清新自然的绿植盆栽，增加一两处小型插花。

【思考练习】

　　1. 简述会展主题陈设的特征。

　　2. 简述酒店会展场地的陈设设计。

【设计实践 5.4】

　　酒店会展主题陈设设计。

参考文献

[1] 陈敏，任皎.室内陈设设计［M］.南京：南京大学出版社，2014.

[2] 文健，刘圆圆，林怡标.室内陈设设计［M］.北京：北京大学出版社，2014.

[3] 曹祥哲.室内陈设设计［M］.北京：人民邮电出版社，2015.

[4] 熊建新，齐瑞文，万莉，朱琦.室内陈设新思维［M］.南昌：江西美术出版社，2011.

[5] 文健，吴桂发，张巍巍.室内软装饰设计教程［M］.北京：清华大学出版社，北京交通大学出版社，2015.

[6] 黄毅，吴化雨.构成设计基础［M］.北京：中国轻工业出版社，2020.

[7] 李俊东.平面设计的美感秘诀.给设计人的12堂课［M］.南京：江苏美术出版社，2013.

[8] 赵伟军.设计心理学［M］.北京：机械工业出版社，2012.

[9] 梁景红.梁景红谈：色彩设计法则［M］.北京：人民邮电出版社，2015.

[10] ［美］唐纳德·诺曼.设计心理学3：情感化设计［M］.何笑梅，等译.北京：中信出版社，2015.

[11] ［法］阿格尼丝·赞伯尼.材料与设计［M］.王小茉，等译.北京：中国轻工业出版社，2016.

[12] 李银斌.软装设计师手册［M］.北京：化学工业出版社，2016.

[13] 严建中.软装设计教程［M］.南京：江苏人民出版社，2013.

[14] 简名敏.软装设计师手册［M］.南京：江苏人民出版社，2011.

[15] 李亮.软装陈设设计［M］.南京：江苏凤凰科学技术出版社，2018.

[16] 郝树人.酒店规划设计学［M］.北京：旅游教育出版社，2013.

[17] 胡亮，沈征.酒店设计与布局［M］.北京：清华大学出版社，2013.

[18] 雷若欣，陈恩虎.酒店设计与装饰实务［M］.上海：上海交通大学出版社，2016.

[19] 理想·宅.布艺设计与搭配［M］.北京：化学工业出版社，2019.

[20] 王春彦.室内绿化装饰与设计［M］.上海：上海交通大学出版社，2018.

[21] 徐峰，刘盈，牛泽慧.小庭院设计与施工［M］.北京：化学工业出版社，2006.

[22] 林长武，阎超，等.室内绿化与水体设计［M］.北京：中国建筑工业出版社，2010.

[23] 陈希，周翠微.室内绿化设计［M］.北京：科学出版社，2008.

[24] 李继业，胡琳琳，胡志强.绿色建筑室内绿化设计［M］.北京：化学工业出版社，2016.

[25] 彭凌玲.零基础学商务插花［M］.北京：化学工业出版社，2016.

[26] 鲁朝辉.插花与花艺设计［M］.重庆：重庆大学出版社，2019.

[27] 杨淑娟，张昕.插花花艺设计［M］.北京：机械工业出版社，2018.

[28] ［德］约翰妮·迪加纳，丹妮丝·卡斯顿，特斯登·麦纳，尤尔根·波特霍夫.空间花艺设计全书［M］.杨继梅,译.北京：北京科学技术出版社，2019.

[29] 刘滨谊.现代景观规划设计［M］.南京：东南大学出版社，2005.

[30] 李铮生.城市园林绿地规划与设计［M］.北京：中国建筑工业出版社，2006.

[31] ［英］Robert Holden，Janmie Liversedge.景观设计学［M］.朱丽敏，译.北京：中国青年出版社，2015.

[32] 房世宝.园林规划设计［M］.北京：化学工业出版社，2007.

[33] 陈芊宇，王晨，邓国平.景观设计［M］.北京：北京工业大学出版社，2014.

[34] 王小俊.风景园林设计［M］.南京：江苏凤凰科学技术出版社，2009.

[35] ［美］斯塔克，西蒙兹.景观设计学——场地规划与设计手册［M］.朱强，等译.北京：中国建筑工业出版社，2013.

[36] 李道增.环境行为学概论［M］.北京：清华大学出版社，1999.

[37] 傅伯杰，等.景观生态学原理及应用［M］.北京：科学出版社，2011.

[38] 肖笃宁，等.景观生态学［M］.北京：科学出版社，2010.

[39] 李团胜，石玉琼.景观生态学［M］.北京：化学工业出版社，2009.

[40] 王秋明.主题宴会设计与管理实务［M］.北京：清华大学出版社，2017.

[41] 瞿立新.酒店专项技能［M］.北京：高等教育出版社，2017.

[42] 李贤政.餐饮服务与管理［M］.北京：高等教育出版社，2014.

[43] 王钰.宴会设计［M］.北京：高等教育出版社，2017.

[44] 张水芳.饭店插花艺术［M］.南京：南京大学出版社，2013.

[45] 李玫.饭店康乐中心管理［M］.北京：中国劳动社会保障出版社，2012.

[46] 黄安民.酒店康乐服务与管理［M］.重庆：重庆大学出版社，2016.

[47] 支海成.客房部运行与管理［M］.北京：旅游教育出版社，2011.

[48] 李晓东.饭店设备管理［M］.北京：旅游教育出版社，2017.

[49] 崔学琴，刘菲菲.酒店物品艺术欣赏［M］.上海：上海交通大学出版社，2011.

[50] 孙仲平，任光辉.室内陈设设计［M］.青岛：中国海洋大学出版社，
2014.

[51] 乔国玲.室内陈设艺术设计［M］.上海：上海人民美术出版社，2011.

[52] 蒲军,朱永军,郑军德.室内陈设设计［M］.北京：北京工艺美术出版社，
2009.

[53] 吴晓伟，司萍.饭店餐桌花艺［M］.北京：中国旅游出版社，2011.

[54] 舒静庐.会议礼仪［M］.上海：上海三联书店，2014.

[55] 文春英,刘新鑫.国际会议策划与筹办［M］.北京：中国传媒大学出版社，
2012.

[56] 刘慧霞.会议组织与服务［M］.北京：北京大学出版社，2019.

[57] 李艳婷.现代会议组织与服务［M］.北京：中国人民大学出版社，2012.

[58] 王青道.会奖业思考［M］.北京：中国旅游出版社，2018.